U1069190

中等职业教育机电类专业改革创新示范教材

数控铣床操作与加工
工作过程系统化教程

主　编　卓良福
副主编　蓝天然　缪遇春
参　编　郑爱萍　蔡跃伟

机 械 工 业 出 版 社

本书是根据广东省中等职业学校数控技术应用专业教学指导方案及相关教学大纲，结合前五届全国数控技能大赛和广东省数控技能大赛的经验以及相应工种中级国家职业标准编写而成的。本书重点介绍了手工编程（包括宏程序编程）、多个系统的操作和加工等方面的内容，以加工工艺、编程和操作为核心，突出了系统性、实用性、通俗性、注重综合素质的培养和整体技能的提高，主要内容包括数控铣床操作与保养、数控铣床的简单零件加工、数控铣床的复杂零件加工、数控铣床的综合零件加工，并精选了大量经过实践验证的典型实例。考虑到应用的普遍性，本书选择了目前在数控铣床上使用最普遍的 FANUC 和华中数控股份有限公司的数控系统。

本书适合作为数控、模具专业全日制或半工半读的中专、技校、职高学生的实训教材，也可作为数控铣床操作人员以及从事数控加工技术人员的培训资料。

图书在版编目（CIP）数据

数控铣床操作与加工工作过程系统化教程 / 卓良福主编．—北京：机械工业出版社，2012.6（2017.8 重印）
中等职业教育机电类专业改革创新示范教材
ISBN 978-7-111-38555-4

Ⅰ．①数…　Ⅱ．①卓…　Ⅲ．①数控机床—铣床—加工工艺—中等专业学校—教材　Ⅳ．①TG547

中国版本图书馆 CIP 数据核字（2012）第 110461 号

机械工业出版社（北京市百万庄大街 22 号　邮政编码 100037）
策划编辑：汪光灿　　责任编辑：汪光灿　王莉娜
版式设计：霍永明　　责任校对：刘志文
封面设计：陈　沛　　责任印制：李　洋
北京振兴源印务有限公司印刷
2017 年 8 月第 1 版・第 2 次印刷
184mm×260mm・11 印张・267 千字
3001—4000 册
标准书号：ISBN 978-7-111-38555-4
定价：23.00 元

凡购本书，如有缺页、倒页、脱页，由本社发行部调换

电话服务	网络服务
社服务中心：（010）88361066	教材网：http://www.cmpedu.com
销售一部：（010）68326294	机工官网：http://www.cmpbook.com
销售二部：（010）88379649	机工官博：http://weibo.com/cmp1952
读者购书热线：（010）88379203	**封面无防伪标均为盗版**

出版说明

为了适应广东省社会发展和经济建设的需求，结合广东省劳动力市场数控、模具人才的需求状况，以提高学生的职业能力和职业素养，广东省教育厅从2006年开始组织研究相关专业教学指导方案，构建与产业和行业发展相适应的、能体现广东省职教特色的课程体系。2008年广东省中等职业学校数控技术应用专业教学指导方案（试行）正式颁布执行。该教学指导方案对中等职业学校数控技术应用专业课程体系和课程教学提出了新的要求。

专业课程改革亟待改变以学科理论知识为主线的课程模式，教学改革必须结合职业学校学生的认知水平，根据学校的教学条件，采取灵活多样的、实用高效的教学模式和教学方法。数控专业本着科学严谨、务实创新的原则，对数控加工企业的人才结构、专业发展、人才需求、职业岗位等方面进行了系统的调研，经过认真分析总结，确立了采用“大专业、小专门化”的课程模式，以专业职业能力结构中通用的基础部分构筑能力平台，根据专业技术发展方向和职业岗位的不同要求，设置不同的专业技能专门化方向，用灵活的学分管理制度，构建开放的课程体系，满足学生的不同要求，适应学生个性化发展的需要。新的专业教学指导方案以行动为导向，开展专业教学和技能训练，坚持专业教学与职业资格标准相衔接，技能训练与职业资格考证相结合，树立理论为实践服务的思想，专业理论以实用、够用为度，采取理论与实践相结合的一体化教学方式，以项目式、案例式教学模式提高教学效果的中等职业教育课程改革新思路。

为了进一步推动广东省中等职业教育数控技术应用专业的教学改革与教材建设，把教学改革形成的课程理念及专业课程新模式贯穿于教学中，2011年，由机械工业出版社牵头，组织召开了广东省中等职业学校数控技术应用专业教材建设工作研讨会。会议确定编写广东省中等职业学校数控技术应用专业三个专门化方向（数控编程加工技术方向、CAD/CAM一体化技术方向、模具数控加工技术方向）的教材，以适应新的教学要求。

在广东省各中职学校的大力支持下，广东省中等职业学校一批专业骨干教师参加了教材编写。书稿几经论证、修改，现终于付梓成书了。新的教材并不是职业技术教育课程改革与教材建设的全部，而只是典型的示范性教材。但是，这些教材代表着新的思想、新的教法和学法。希望通过这些教材给大家一些启迪，同时也希望广大专家、读者对新的教材提出宝贵意见。

在编写教材的过程中，得到了各方面的大力支持，特别是参与教材编写的老师为此付出了辛勤的劳动。在此，向他们表示诚挚的感谢！

前　言

本书为中等职业教育机电类专业改革创新示范教材，是根据广东省中等职业学校数控技术应用专业教学指导方案及相关教学大纲的要求编写的。在编写过程中，各编者本着科学严谨、务实创新的原则，对数控加工企业的人才结构、专业发展、人才需求、职业岗位等方面进行了系统的调研，确立了以行动为导向，专业教学和技能训练、专业教学与职业资格标准相衔接，技能训练与职业资格考证相结合的编写思路。

本书在编写模式方面进行了创新，采用了工作过程系统化课程模式编写，反映了当前教学改革的经验以及科技进步、生产实际对教学内容提出的新要求，将数控理论与技能有机地结合起来，既有数控铣床的操作与保养维护，又有大量的数控铣削技能训练实用案例。其主要特点如下：

1. 结合前五届全国数控技能大赛和广东省数控技能大赛的经验，注重综合素质的培养和整体技能的提高，重点介绍了手工编程（包括宏程序编程）、多个系统的操作和加工等方面的内容。

2. 以加工工艺、编程和操作为核心内容，突出了系统性、实用性和通俗性。全书各部分联系紧密，并精选了大量经过实践验证的典型实例。为了适应市场的需要，在数控系统选型上，注重了市场应用的普遍性，选择目前在数控铣床上使用最普遍的FANUC和华中数控股份有限公司的数控系统，以期通过掌握典型数控系统的编程、操作和加工，在今后的工作中能达到触类旁通的效果。

3. 将数控铣削入门和中级技术工人等级考核标准引入教学实训，把数控铣床编程与操作项目教程职业技能鉴定的内容和国家职业标准相结合、相统一，满足上岗前培训和就业的需要。

本书由深圳市宝安职业技术学校卓良福任主编，深圳市宝安职业技术学校蓝天然、东莞市长安高级中学缪遇春任副主编。惠州工业科技中专学校郑爱萍、广东江门新会机电职业技术学校蔡跃伟及深圳市卓良福数控名师工作室成员参加编写。在编写过程中，参阅了国内外的有关资料、文献和教材，得到了许多专家和同行的支持，在此一并表示感谢。

由于编者水平有限，书中的不妥之处，望读者批评指正。

编　者

目　　录

项目一

数控铣床操作与保养

数控铣床的自动化程度很高，具有高精度、高效率和高适应性的特点，但其运行效率的高低、设备的故障率以及使用寿命的长短等，在很大程度上取决于用户。正确操作数控铣床能保证设备长期稳定、可靠地运行，提高加工效率和经济效益，延长机床的寿命。

通过本项目的学习（训练），学会操作两种不同系统（华中、FANUC）的数控铣床，在加工零件时能够进行正确安全的操作。

知识目标

1. 了解数控铣床的基本结构和原理。
2. 了解数控铣床开、关机的意义和回零的原理。
3. 理解数控铣床对刀的作用。
4. 掌握工件坐标系和 MDI 程序编辑的作用。

技能目标

1. 掌握数控铣床开、关机和回零的正确操作方法。
2. 掌握数控铣床夹具和工件安装的正确操作方法。
3. 掌握数控铣床对刀的正确操作方法。
4. 掌握数控铣床工件坐标系设置和程序编辑的正确操作方法。
5. 掌握数控铣床正确的日常保养方法。

素质目标

1. 培养学生良好的工作作风。
2. 培养学生良好的安全意识。
3. 培养学生的责任心和敬业精神。

建议课时分配表

名　　称	课时/节
任务一　华中系统数控铣床的操作与保养	12
任务二　FANUC 系统数控铣床的操作与保养	8
合　　计	20

任务一 华中系统数控铣床的操作与保养

工作任务

1）华中系统数控铣床加工零件的操作方法。

2）华中系统数控铣床的日常保养与维护方法。

相关知识

一、数控铣床开、关机的意义和回零的原理

数控铣床的开机不同于一般机器的开机，不是通电后即可正常使用。数控机床有别于其他机械设备的不同之处是它有系统软件，其开机原理与计算机基本相同，通电开始时要进行内存、寄存器、串口、并口等硬件检测，系统确认无误后会在显示屏上显示出基础硬件的信息，进而进入数控软件系统的初始化。正确的开机对数控铣床的正常使用和寿命有着非常重要的意义，所以我们要学习并应用正确的开、关机操作步骤。

机床坐标系的原点也称为机床原点或零点，这个原点是机床固有的点，在机床制造出来时就已经确定，不能随意改变。机床起动前，通常要进行机动或手动回零。所谓回零，就是指运动部件回到正向极限位置，这个极限位置就是机床原点（零点）。数控机床在接通电源后要进行回零操作，这是因为数控机床断电后，就失去了对各坐标位置的记忆，所以在接通电源后，要让各坐标回到机床原点，以此点为原点建立机床坐标系，并记住这一初始化位置，从而使机床恢复位置记忆。

二、数控铣床的对刀

数控铣床的对刀是指找出工件坐标系与机床坐标系空间关系的操作过程。简单地说，对刀是告诉机床加工工件相对机床工作台在什么地方。对刀的目的是通过刀具或对刀工具确定工件坐标系与机床坐标系之间的空间位置关系，并将对刀数据输入到相应的存储位置。对刀的方法有多种，如直接对刀法、间接对刀法、寻边器对刀法和分中对刀法，其中分中对刀法是最基础也是最常使用的对刀方法。所谓分中，就是寻找加工工件同一个坐标方向上两个数值的中数，以此确定该坐标方向上的工件坐标系原点。对刀是数控加工中最重要的操作内容，其准确性将直接影响零件的加工精度。

三、工件坐标系和 MDI 的作用

工件坐标系是编程人员在编程时使用的，由编程人员以工件图样上的某一点为原点所建立的坐标系。编程尺寸都按工件坐标系中的尺寸确定，是可以用程序指令设置和改变的。一般情况下，工件坐标系原点可选择对称中心和圆形工件的圆心，非规则零件则可以图样尺寸基准点为工件坐标系原点；Z 轴的工件坐标系原点通常设在工件的上表面。

MDI 的英文全称为 Manual Data Input ，即手动输入方式。数控铣床有三种工作方式：手

动、MDI 和自动。在 MDI 方式下可以从 CRT/MDI 面板上直接输入并执行单个程序代码段，且被输入并执行的程序段不被存入程序存储器。程序在自动运行状态下不能直接进入 MDI 方式，必须按下“进给保持”键后方可再进入。

四、数控铣床程序的编制

数控铣床能自动加工工件，但不能自动“创造”出用来控制机床加工动作的程序，数控程序必须人为地输入到数控铣床的数控系统中。数控程序代码是数控铣床之所以能加工出我们期待的产品的核心，简言之，人要告诉数控铣床应该怎样确定走刀路径，在每一次走刀路径上应该如何切削工件以及切削多少。所以，数控铣床进行加工之前要进行程序的编制。本书中，通过具体加工操作来学习程序编制的相关知识。

五、日常保养和维护

设备的维护是保持设备处于良好工作状态、延长使用寿命、减少停工损失和维修费用、降低生产成本、保证生产质量、提高生产率所必须进行的日常工作。对于高精度、高效率的数控铣床而言，维护就更显得重要。其基本要求应做到如下几点：

完整性。数控铣床的零部件齐全，工具、附件、工件放置整齐，线路管道完整。

洁净性。数控铣床内外清洁，无黄斑、无黑污、无锈蚀；各滑动面、丝杠、齿条、齿轮等处无油污、无碰伤；各部位不漏油、不漏水、不漏气、不漏电；切削垃圾清扫干净。

灵活性。为保证部件的灵活性，必须按数控铣床的润滑标准定时定量加油、换油；油质要符合要求；油壶、油枪、油杯、油嘴齐全；油毡、油线清洁，油标明亮，油路畅通。

安全性。严格实行定人定机和交接班制度；操作者必须熟悉数控铣床的结构，遵守操作维护规程，对机床合理使用、精心维护、监测异常，确保不出事故；各种安全防护装置齐全可靠，控制系统正常，接地良好，无事故隐患。

数控铣床日常维护保养的主要项目见表 1-1。

表 1-1　数控铣床日常维护保养的主要项目

序号	检查周期	检查部位	检查要求
1	每天	导轨润滑	检查油标、油量，及时添加润滑油，润滑油泵能定时起动及停止
2	每天	X、Y、Z 轴及各回转轴的导轨	清除切屑及脏物，检查润滑油是否充分，导轨面有无划伤损坏
3	每天	压缩空气气源	检查气动控制系统压力，应在正常范围内
4	每天	机床进气口的空气干燥器	及时清理分水器中滤出的水分，保证自动空气干燥器工作正常
5	每天	气液转换器和增压器	检查油面高度，不够时及时补足油
6	每天	主轴润滑恒温油箱	工作正常，油量充足
7	每天	机床液压系统	油箱、液压泵无异常噪声，压力表指示正常，管路及各接头无泄漏，油面高度正常
8	每天	主轴箱液压平衡系统	平衡压力指示正常，快速移动时平衡工作正常
9	每天	数控系统的输入/输出单元	如光驱、软驱清洁，机械结构润滑良好

（续）

序号	检查周期	检查部位	检查要求
10	每天	电气柜通风散热装置	电气柜冷却风扇工作正常，风道过滤网无堵塞
11	每天	各种防护装置	导轨、机床防护罩等应无松动、漏水
12	一周	电气柜进气过滤网	清洗电气柜进气过滤网
13	半年	滚珠丝杠螺母副	清洗丝杠上旧的润滑脂，涂上新油脂
14	半年	液压油路	清洗溢流阀、减压阀、过滤器，清洗油箱，更换或过滤液压油
15	半年	主轴润滑恒温油路	清洗过滤器，更换润滑油
16	每年	检查、更换直流伺服电动机电刷	检查换向器表面，吹净炭粉，去除毛刺，更换长度过短的电刷，磨合后应能使用
17	每年	润滑油泵、滤网器	清理润滑油池，更换过滤器
18	不定期	导轨上镶条、压紧滚轮、丝杠	按机床说明书调整镶条
19	不定期	切削液箱	检查液面高度，切削液太脏时需要更换并清理水箱，经常清洗过滤器
20	不定期	排屑器	经常清理切屑，检查有无卡住
21	不定期	清理油池	及时取走滤油池的旧油，以免外溢
22	不定期	调整主轴驱动带松紧	按机床说明调整

任务实施

一、目的及要求

1）培养学生良好的工作作风和安全意识。

2）培养学生的责任心和团队精神。

3）学会华中系统数控铣床的操作流程。

4）学会华中系统数控铣床的保养和维护方法。

二、设备与器材

此任务所需设备与器材见表1-2。

表1-2 设备与器材

项 目	名 称	规 格	数 量
设备	数控铣床	华中系统	8～10台
夹具	机用虎钳	200mm	8～10台
刀具	立铣刀	ϕ12mm	8～10把
工具	分中棒（机械式）	ϕ10mm	8～10把
备料	硬铝型材	60mm×60mm×30mm	8～10块
其他	毛刷、扳手、平行板等	配套	一批

三、内容与步骤

1. 开机

第 1 步：检查机床状态是否正常、电源电压是否符合要求、接线是否正确。

第 2 步：按下急停键，如图 1-1 所示。

第 3 步：依次合上总电源开关、稳压器开关和机床控制柜开关。

第 4 步：检查风扇电动机的运行情况和面板指示灯是否正常。

第 5 步：左旋并拔起面板右上角的急停键，让数控系统复位，如图 1-1 所示。

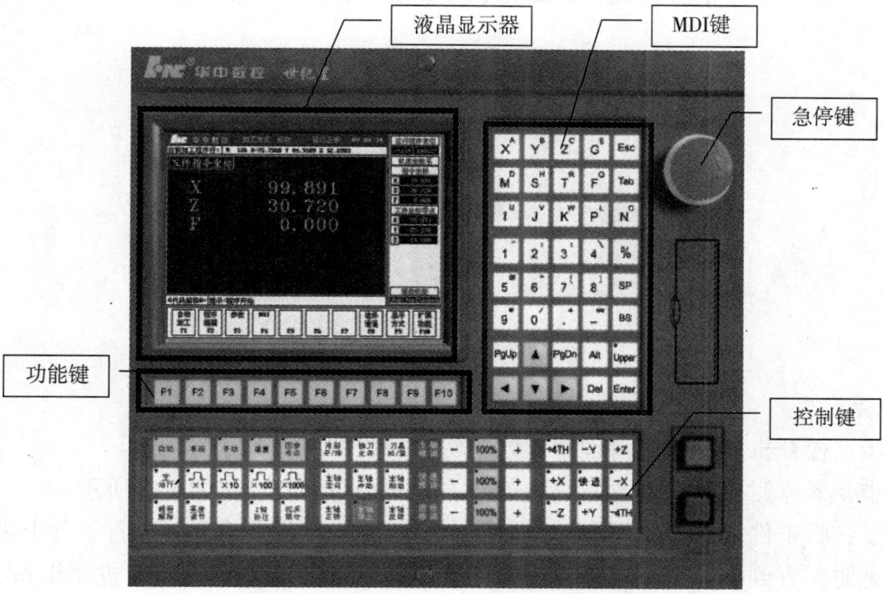

图 1-1　华中世纪星数控铣床操作面板

2. 回零

第 1 步：按一下控制面板上的 回参考点 键，确保系统处于“回零方式”，如图 1-2 所示。

图 1-2　回参考点

第 2 步：调整进给修调和快速修调右边的 - 按钮，选择较小的快速进给倍率，如图 1-3 所示。

第 3 步：按一下 +Z 键，Z 轴回参考点。Z 轴回到参考点后，“+Z”轴按键内的指示灯亮，如图 1-4 所示。

第 4 步：接着按下 +X 和 +Y 键，可以使 X 轴、Y 轴回参考点，如图 1-5 所示。所有轴回参考点后，按键内指示灯亮起，即建立了机床坐标系，回零成功。

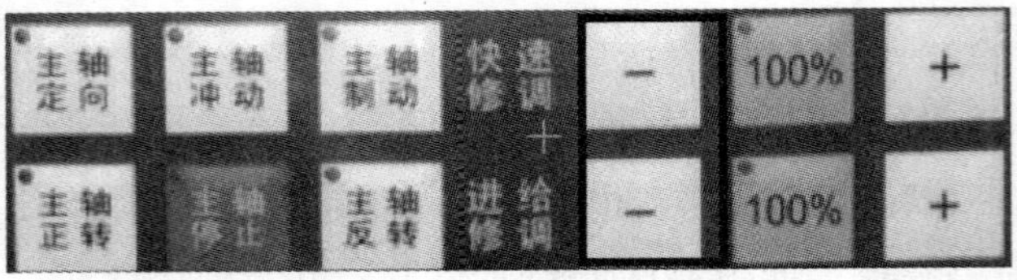

图 1-3　速率修调

图 1-4　Z 轴回参考点

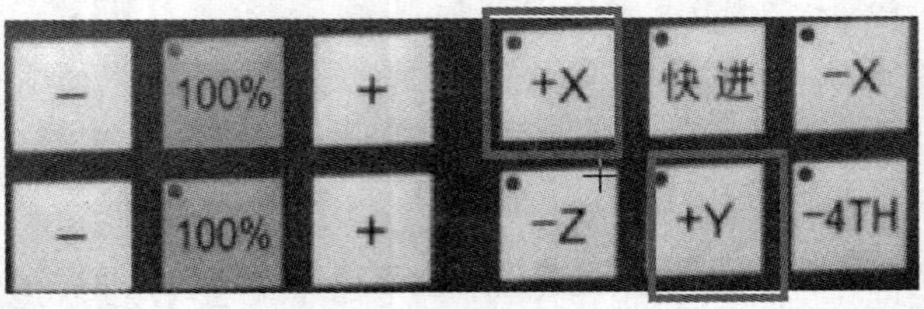

图 1-5　X 轴、Y 轴回参考点

3. 安装工件

第 1 步：松开机用虎钳，清理钳口处的切屑和脏物。

第 2 步：紧靠钳口竖立安放好两块规格一样的平行垫板，如图 1-6 所示。

第 3 步：将工件平放在机用虎钳钳口的中间位置，边用铜棒轻轻敲打工件上表面，边用扳手锁紧虎钳，直到平行垫板被工件压紧不能左右移动为止，用力锁紧虎钳即可，如图 1-7 所示。

图 1-6　放置平行垫板

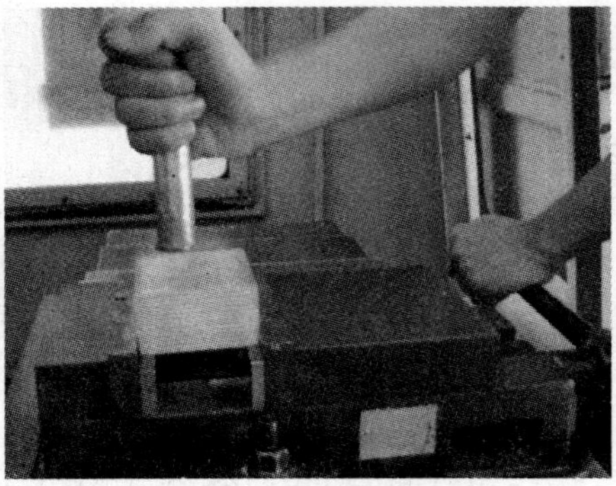

图 1-7　装夹工件

4. 安装刀具

第 1 步：清理刀具和刀柄，将弹簧夹头夹入固定圆螺母内，如图 1-8 所示。

第 2 步：将刀具的刀柄插入弹簧夹套孔内，切削刃工作部分全部伸出，并根据加工深度适当调整伸出部分的长度，如图 1-9 所示。

图 1-8　压装弹簧夹头

图 1-9　装入刀具

第 3 步：装入刀具，并用扳手锁紧固定圆螺母，如图 1-10 和图 1-11 所示。

图 1-10　装入刀柄锥孔

图 1-11　锁紧圆螺母

第 4 步：按一下换刀允许键，如图 1-12 所示，按键内的指示灯亮起。

第 5 步：清洁刀柄锥面和主轴锥孔，左手握住刀柄，将刀柄的键槽对准主轴端面键，垂直装入到主轴内，同时右手按住主轴换刀按钮，直到刀柄锥面与主轴锥孔完全贴合后，松开按钮，刀柄即被自动夹紧，确认夹紧后方可松手，如图 1-13 所示。

图 1-12　换刀允许

图 1-13　装拆刀具和寻边器操作

第 6 步：刀柄装上后，再按一下 换刀允许 键，用手转动主轴检查刀柄是否装夹正确，是否夹紧。

5. 分中对刀

第 1 步：安装机械偏心式寻边器，即分中棒，安装方法可参考“安装刀具”内容。

第 2 步：选择数控系统显示界面的相对坐标系。按下 手动 键进入手动工作方式，在主菜单中顺序按 F5 （设置）→ F3 （设置显示）→ F9 （相对坐标系）→OK，如图 1-14 所示。

图 1-14 选择坐标系

第 3 步：在主菜单中按一下 F4 ，进入 MDI 方式，如图 1-15 所示；手动输入 M3S500，如图 1-16 所示，先按下回车键，再按下 单段 键，最后按下 循环启动 键，转速为 500r/min。

图 1-15 进入 MDI 方式

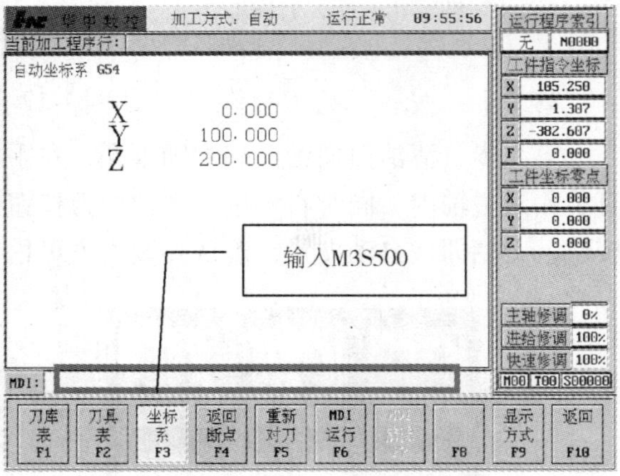

图 1-16 输入指令

第 4 步：按 增量 （见图 1-15），液晶显示屏显示工作方式为“手摇”，将手持单元的坐标轴选择波段开关置于 X 挡，正反旋转手摇脉冲发生器可控制 X 轴正负向运动，如图 1-17 所示；先把分中棒移到 X 轴方向的一侧并与工件刚好接触，并使分中棒与机床主轴同轴心，如图 1-18 和图 1-19 所示。

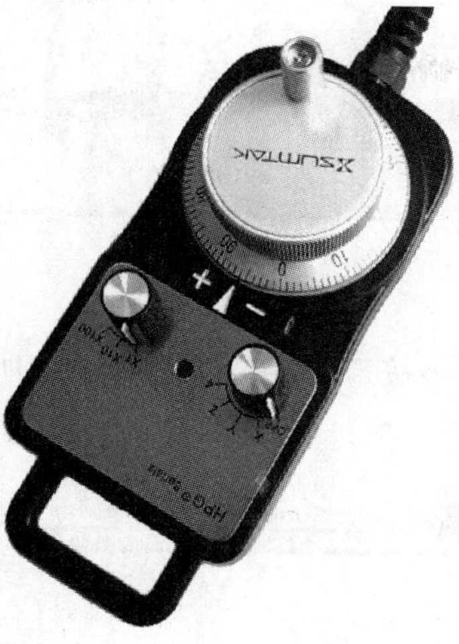

图 1-17　手持单元（手轮）

图 1-18　机械式寻边器对刀状态

第 5 步：回到计算机数控系统，将相对坐标系 X 轴清零（按F3，X 轴清零）。

第 6 步：确定机床为手动状态，按机床操作面板方向键 +Z 提刀，快速移到 X 轴方向的另一侧，然后在工件外侧下刀，与工件刚好接触，使分中棒与机床主轴同轴心，如图 1-20 所示，记下计算机显示屏的 X 轴指令坐标值。

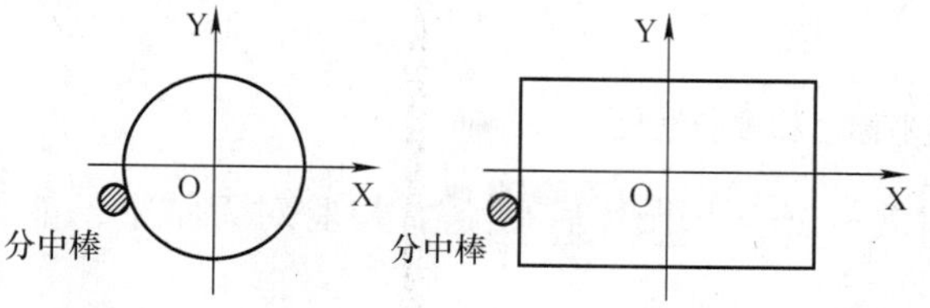

图 1-19　X 轴左端对刀示意图

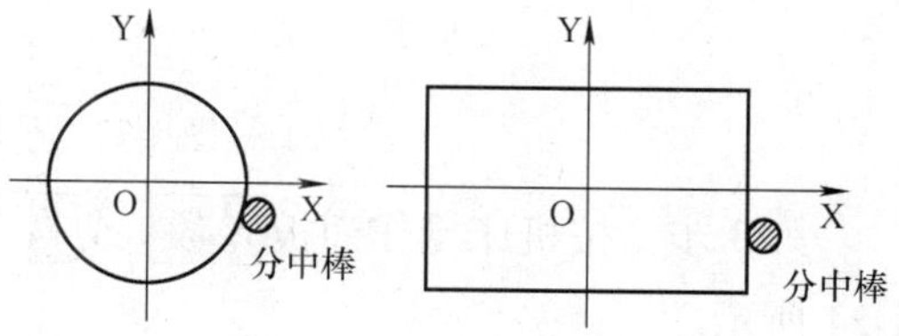

图 1-20　X 轴右端对刀示意图

第 7 步：按机床操作面板方向键 +Z 提刀，把主轴移至 X 轴坐标值的中点（X /2），不再移动 X 轴。

第 8 步：Y 轴的对刀方法与 X 轴的对刀方法相同，在此不再赘述。

第 9 步：按一下主轴停止，再按一下换刀允许，卸下机械式寻边器，如图 1-13 所示。

第 10 步：安装立铣刀，对 Z 轴。对 Z 轴时，同样用手摇方式移动主轴，使铣刀端面刚好与工件的上表面接触就好，如图 1-21 所示。

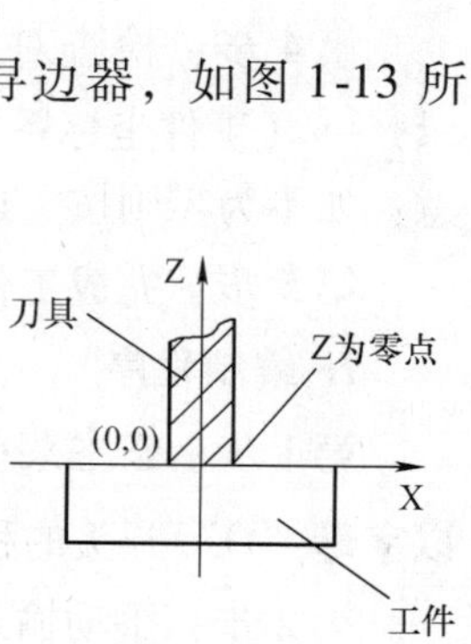

图 1-21　Z 轴对刀示意图

6. 抄数（设置工件坐标系）

第 1 步：关闭手轮，抄数（设置工作坐标系）。按主菜单F5（设置）→按F1（坐标系）→按F1（G54）→输入机床坐标系的值（输入当前点机床指示坐标各轴的坐标值）。例如：输入“X-123. 300 Y-211. 123 Z-234. 211”→按Enter键，如图 1-22 所示。

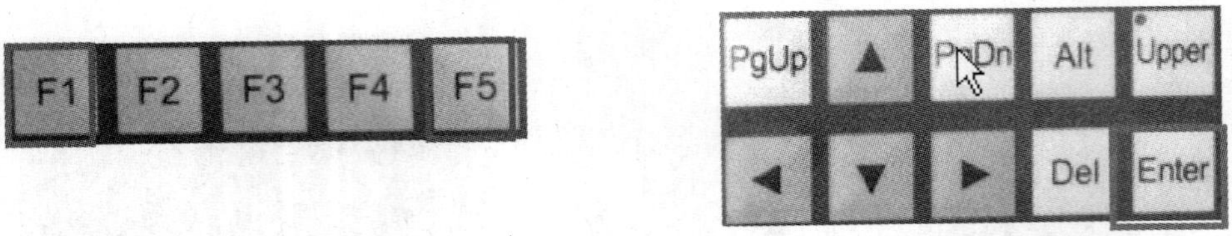

图 1-22　抄数操作

第 2 步：返回主菜单。按F3（MDI）→输入 G54→按Enter键，如图 1-23a 所示，确认工件坐标系 X、Y、Z 全部显示为零，如图 1-23b 所示。

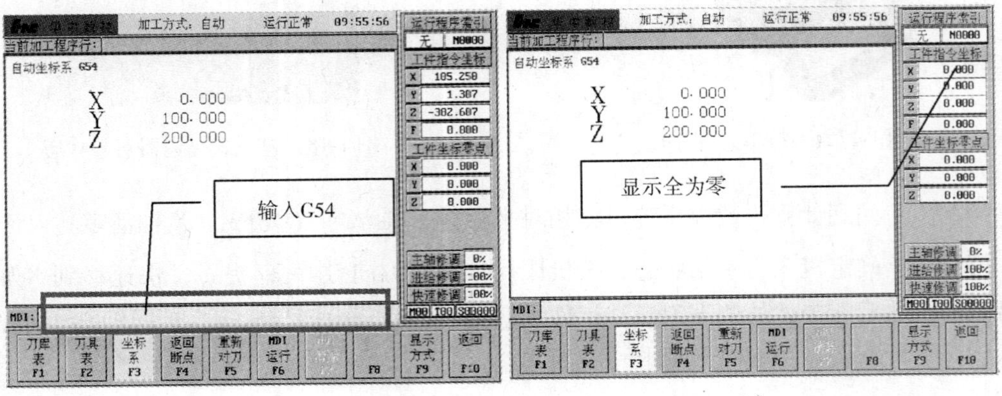

a）　　b）

图 1-23　校验坐标系和校验结果

第 3 步：按机床操作面板单段 或自动键→按一下循环启动键，检验对刀结果，如图 1-24 所示。

图 1-24　检验对刀结果

第 4 步：检查对刀、设置工件坐标是否正确。按主菜单F5（设置）→F3（设置显示）→（工件坐标系）。如果工件坐标系显示“X0.000 Y0.000 Z0.000”，则设置正确（注意：如不为零则按上述步骤重新操作）。

第 5 步：完成工件坐标系的设置，按 +Z 提刀到安全高度。

7. 编制程序

第 1 步：按主菜单F5（返回）→按F2（编制程序）→按F3（新建程序）→手动输入以字母“O”开头的程序名字 →按Enter键。

第 2 步：手动输入如下程序：

%0001

G54　G0　Z100

M3　S2000
M8
G0　X－70　Y－50
G1　Z0　F500
G91　X100
Y80
X－100
Y－80
G90　G0　Z100
M30

第 3 步：按F4（保存程序）→按Y（Yes）→按Enter键，保存程序成功，编辑完成。

8. 程序校验试加工

按自动（或按单段）→按F5（程序校验）→按F9（显示切换）将显示屏操作界面的工作方式显示变为图形页面→按下循环启动。

9. 关机

第 1 步：按下控制面板上的“急停”按钮，断开伺服系统的电源与控制信号。
第 2 步：按下数控控制面板上的红色电源键。
第 3 步：断开机床控制柜的电源。
第 4 步：断开电源总开关。

10. 机床保养

第 1 步：按要求摆放好刀具、量具和机床配件。
第 2 步：清理夹具、导轨、工作台和防护门上的切屑等。

考核评价

此任务的考核评价标准见表 1-3。

表 1-3　考核评价标准

项　目	序号	考核内容及要求	学生自评	学生互评	教师评价
数控铣床开机操作	1	检查机床状态的电源电压是否符合要求、接线是否正确，按下急停按钮			
	2	机床开关上电、数控系统上电			
	3	检查风扇电动机的运转和面板上的指示灯是否正常			
数控铣床回参考点操作及注意事项	4	检查是否按到“回零”方式			
	5	回零坐标轴顺序，先 Z 轴后 X、Y 轴			
	6	检查回零坐标轴的指示灯是否亮			
	7	检查工件坐标系，正确的应为 X0、Y0、Z0			
	8	回零超程的解除方法			

（续）

项　目	序号	考核内容及要求	学生自评	学生互评	教师评价
工件安装及分中、对刀	9	正确安装工件的方法			
	10	正确使用分中棒的操作步骤			
	11	正确分中、对刀的操作技能			
设置工件坐标系	12	正确设置工件坐标系的操作技能			
	13	检查设置工件坐标系的正确性			
编辑程序	14	新建、保存程序的操作技能			
	15	编制、修改程序的操作技能			
	16	键盘使用的熟练程度和简单程序的掌握情况			
校验程序	17	掌握校验程序的操作流程			
	18	学会看校验程序的轨迹图			
	19	判断加工程序的正确性并修改			
数控铣床关机、保养机床	20	按下控制面板上的“急停”按钮，断开伺服电源			
	21	先断开数控电源，后断开机床电源			
	22	清洁和保养机床			
综合评价	23	考核评价标准：（优、良、中、合格、不合格） 纪律评价（20%）；考核评价（80%）			
签名	学生自评签名（　　　　）学生互评签名（　　　　）教师评价签名（　　）				

学习反思

学习后反思自己的表现，并将学习中的收获填入表 1-4。

表 1-4　学习收获

类　型	内　容
掌握知识	
掌握技能	
收获体会	
需解决问题	
学生签名	

拓展内容

一、急停与超程解除

在机床运行过程中出现危险或紧急情况时按下“急停”按钮，CNC 即进入急停状态，此时工作控制柜内伺服驱动系统的电源被切断，进给伺服系统及主轴伺服系统立即停止工作。当左旋松开“急停”按钮后，其会自动跳起，CNC 进入复位状态。但是，解除紧急停止前，须先确认故障已经排除，且急停状态解除后，应重新执行回参考点操作以确保机床坐标系的正确性。为提高数控机床的使用寿命，应特别注意在上电开机和断电关机之前都应按下“急停”键，以减少瞬时电流跃升对设备的电冲击。

在工作台伺服进给驱动轴行程的两端各有一个极限开关，作用是防止伺服进给驱动系统失灵导致机械性碰撞而损坏设备。所以，每当伺服机构碰到行程极限开关时，就会出现超程报警现象。当某轴出现超程时，“超程解除”按键内的指示灯亮，系统自动进入急停状态。退出超程状态的操作步骤如下：

第 1 步：松开“急停”按钮，置工作方式为手动或手摇方式。

第 2 步：一直按压着“超程解除”按键，让控制器暂时忽略超程的紧急情况。

第 3 步：在手动（手摇）方式下使该轴向相反方向移动一定的距离，退出超程状态。

第 4 步：松开“超程解除”按键。若显示屏上的运行状态栏由“运行正常”取代了“出错”，表示系统恢复了正常，可以继续操作。

注意：在进行机床退出超程状态的操作时，请务必注意移动方向及移动速率，以免发生撞机。

二、数控机床的坐标系

1. 刀具相对工件运动

机床上实际的进给运动部件相对于地面来说，可以是刀具运动，也可以是工件运动。为统一对刀具运动的描述，标准规定描述数控机床的机床坐标系时是刀具运动、工件静止，即刀具相对于工件运动。由于工件是静止的，在数控程序中，记录的走刀路线是刀具运动的路线，只要依据零件图样就可以进行编制记录刀具运动的数控程序。

刀具运动的正方向是使刀具远离工件的方向，数控铣床各轴正方向的具体规定如下：

1）Z 轴为机床的主轴方向，刀具远离工件的方向为 Z 轴正向。

2）X 轴是水平的，平行于工件装夹面。对于立式数控铣床，从工件向立柱的方向看，右侧为 X 轴正向。

3）Y 轴及其方向是根据 X 轴和 Z 轴按右手法则确定的。

4）A、B、C 轴旋转运动的正向，按右手螺旋法则确定。

2. 机床坐标系与机床原点

人们为了确定物体在空间的位置，建立了坐标系统。世界坐标系是国际上通用的三维坐标系统，为众多国家所采用。机床坐标系是机床厂商依照世界坐标系的规则建立的。

机床坐标系的原点也称机床原点或零点，这个原点是机床固有的点，在机床制造出来时就已经确定，不能随意改变。机床起动前，通常要进行机动或手动回零。所谓回零，就是指运动部件回到正向极限位置，这个极限位置就是机床原点（零点）。数控机床在接通电源后要进行回零操作，这是因为数控机床断电后，就失去了对各坐标位置的记忆，所以在接通电源后，要让各坐标回到机床原点，以此点为原点建立机床坐标系，并记住这一初始化位置，从而使机床恢复位置记忆，如图 1-25 所示为数控铣床各轴的正方向。

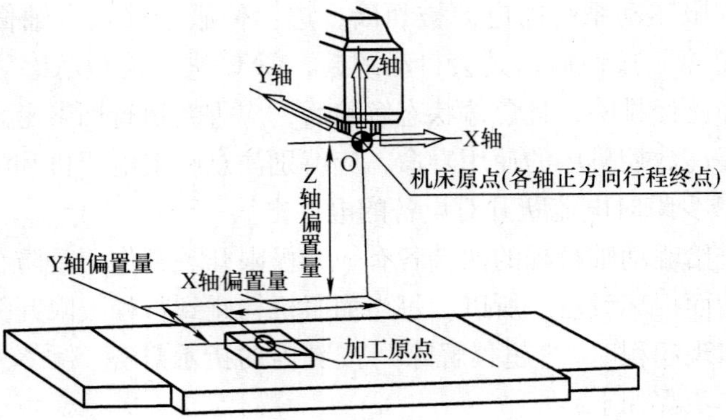

图 1-25 数控铣床各轴的正方向

3. 工件坐标系和程序原点

编程时一般是选择工件上的某一点作为程序原点（或程序零点），并以这个原点作为坐标系的原点，建立一个新的坐标系，该坐标系称为工件坐标系。工件坐标系一旦建立便一直有效，直到被新的工件坐标系所取代。加工开始时要设置工件坐标系，关于工件坐标系的建立和设定一般情况用 G54～G59 指令和 G92 指令，如图 1-26 所示。

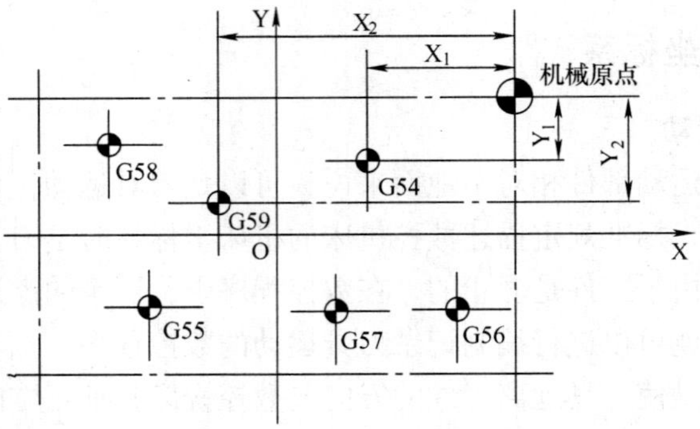

图 1-26 工件坐标系的建立和设定

数控机床的坐标系为右手笛卡儿坐标系，如图 1-27 所示。

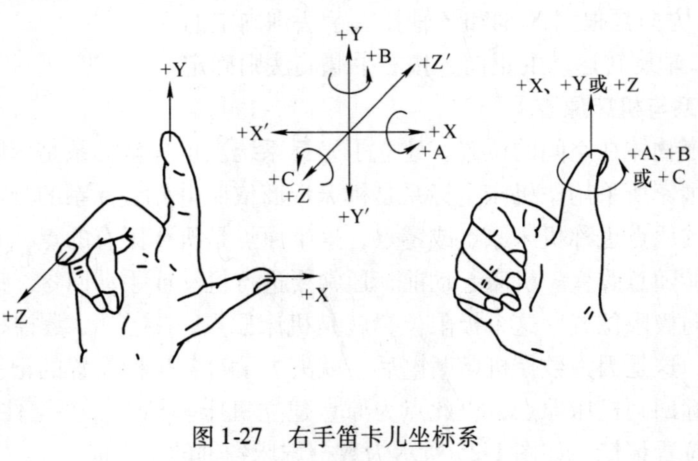

图 1-27 右手笛卡儿坐标系

4. 相对坐标系

为方便设置工件坐标系，不需要繁琐地计算机床坐标系的坐标值，只是临时将相对坐标系的某一轴起点坐标值设为0，终点坐标值是以起点坐标值开始计算的，就相当于一把尺子，可以很清楚地读出坐标值的数据，这个坐标系就称为相对坐标系。相对坐标系可以简单理解成是坐标系里面的坐标系。

三、数控编程概述

数控编程是把零件的工艺过程、工艺参数、机床的运动以及刀具用数控语言记录在程序单上的全过程。图1-28所示为程序编制的步骤。

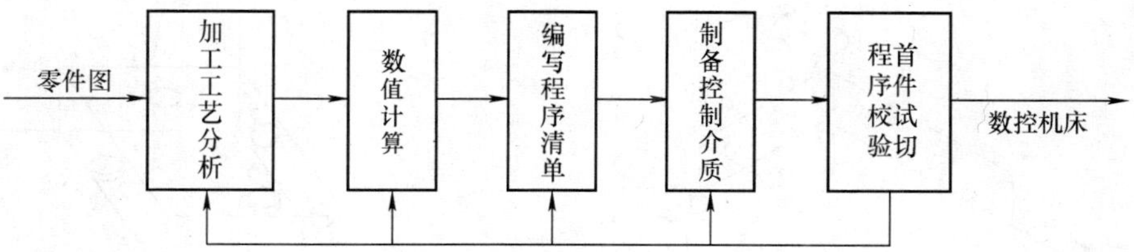

图1-28　程序编制的步骤

一般来说，程序编制包括以下几个方面的工作。

1. 加工工艺分析

编程人员首先要根据零件图样，对零件的材料、形状、尺寸、精度和热处理要求等进行加工工艺分析，合理地选择加工方案，确定加工顺序、加工路线、装夹方式、刀具及切削参数等，同时还要考虑所用数控机床的指令功能，以充分发挥机床的效能，并使加工路线最短，还要正确地选择对刀点和换刀点以减少换刀次数。

2. 数值计算

数值计算是根据零件图的几何尺寸确定工艺路线并设定坐标系，计算零件粗、精加工运动的轨迹，得到刀位数据。对于形状比较简单零件（如直线和圆弧组成的零件）的轮廓加工，要计算出几何元素的起点、终点、圆弧的圆心、两几何元素的交点或切点的坐标值，有的还要计算刀具中心的运动轨迹坐标值；对于形状比较复杂的零件（如非圆曲线、曲面组成的零件），需要用直线段或圆弧段逼近，根据加工精度的要求计算出节点坐标值，这种数值计算一般要用计算机来完成。

3. 编写零件加工程序清单

加工路线、工艺参数及刀位数据确定以后，编程人员根据数控系统规定的功能指令代码及程序段格式，逐段编写零件加工程序清单。此外，还应附上必要的加工示意图、刀具布置图、机床调整卡、工序卡以及必要的说明。

4. 制备控制介质

制备控制介质是把编制好的程序单上的内容记录在控制介质上，作为数控装置的输入信息，通过程序的手工输入、移动存储器或通信送到数控系统。

5. 程序校核与试切

编写的程序单和制备好的控制介质，必须经过校验和试切才能正式使用。校验的方法是直接将控制介质上的内容输入到数控装置中，让机床空运转，以检查机床的运动轨迹是否正确。在有 CRT 图形显示的数控机床上，用模拟刀具与工件切削过程的方法进行检验更为方便，但这些方法只能检验运动是否正确，不能检验被加工零件的加工精度。因此，必须进行零件的首件试切。当发现有加工误差时，要分析误差产生的原因，找出问题所在，并加以修正。

四、工件装夹的六点定位原理

1. 工件定位的基本原理（见图 1-29、图 1-30）

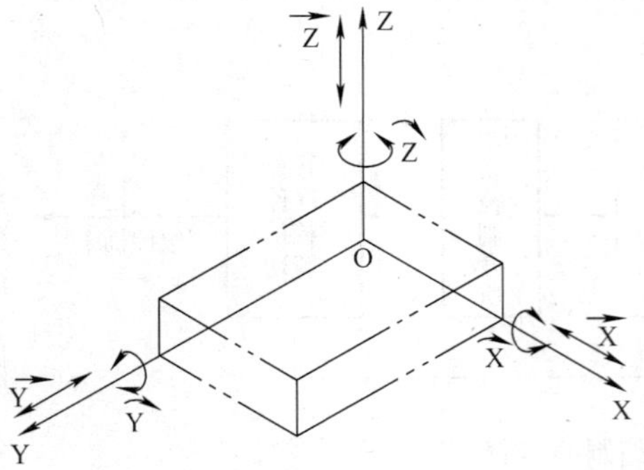

图 1-29　工件的六个自由度

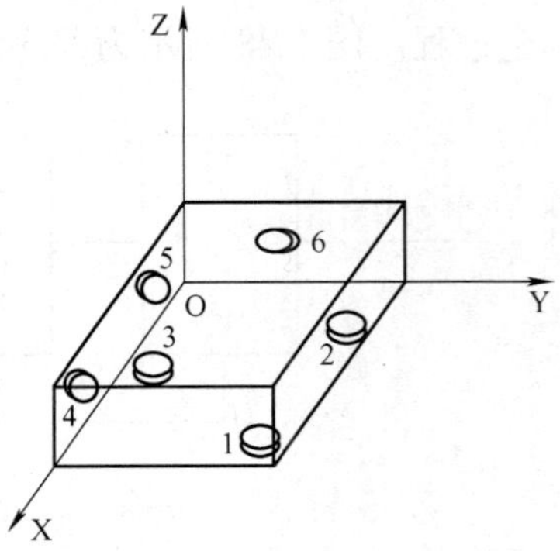

图 1-30　长方体形工件的定位

用合理分布的六个支承点限制工件六个自由度的法则，称为六点定位原理。六点定位的定位支承点限制工件自由度的作用，应理解为定位支承点与工件定位基准面始终保持紧贴接触。一个定位支承点仅限制一个自由度，一个工件有六个自由度，所设置的定位支承点数目原则上不应超过六个。需特别指出的是，分析定位支承点的定位作用时，不考虑力的影响，夹紧和定位是两个完全不同的概念。

2. 工件定位中的几种情况

1）完全定位：工件的六个自由度全部被限制的定位。

2）不完全定位：根据工件的加工要求，并不需要限制工件的全部自由度的定位。

3）欠定位：根据工件的加工要求，应该限制的自由度没有完全被限制的定位。加工过程中是不允许出现这种情况的。

4）过定位：夹具上的两个或两个以上的定位元件，重复限制工件的同一个或几个自由度的现象。过定位可能导致的后果是工件无法正确安装，造成工件和定位元件变形。在定位工件时，应消除或减小过定位所引起的干涉，可通过改变定位元件的结构，使定位元件重复限制自由度的部分不起定位作用；可合理应用过定位，提高工件定位基准之间以及定位元件的工作表面之间的位置精度。

思考与练习

一 、选择题

1. 根据工件的加工要求，可允许进行________。

A. 欠定位　　　　B. 过定位　　　　C. 不完全定位

2. 数控铣床的机床零点，由制造厂调试时存入机床计算机，一般情况该数据________。

A. 临时调整　B. 能够改变　C. 永久存储　D. 暂时存储

3. 建立工件坐标系指令 G54 需用到的数值是________。

A. 返回参考点时的机床坐标数值　B. 工件坐标系原点相对刀具的偏移量

C. 刀具当前点的坐标值　D. 分中后的坐标值

4. 回零操作就是使运动部件回到________。

A. 机床坐标系原点　B. 机床的机械零点　C. 工件坐标的原点

5、工件在小锥体心轴上定位，可限制________自由度。

A. 四个　B. 五个　C. 六个　D. 三个

二、判断题

（　）1. 铣削两面平行之工件时，不宜以平行块垫之。

（　）2. 数控铣开机时，必须先确定机床参考点，即确定工件与机床零点的相对位置。参考点确定以后，刀具移动就有依据，否则，不仅编程无基准，还会发生碰撞事故。

（　）3. 机床原点为机床上一个固定不变的极限点。

（　）4. 机床工作时出现严重振动、异响、移动工作台碰撞到工件时都应该第一时间按下急停按钮。

（　）5. 机床的参考点是数控机床上固有的机械原点，在机床出厂时就已设定，因此机床坐标系和工件坐标系也随之确定下来了。

三、简答题

1. 试述数控铣床开机、返回参考点和关机的操作步骤。

2. 数控铣床每次开机后都执行返回参考点操作，其意义是什么？

3. 什么是六点定位、不完全定位、欠定位和过定位？定位时应该注意什么？

任务二 FANUC 系统数控铣床的操作与保养

工作任务

1）FANUC 0i 系统数控铣床加工零件的操作流程。

2）FANUC 0i 系统数控铣床的日常保养和维护方法。

相关知识

一、数控铣床夹具的基本知识

1. 数控铣床夹具的组成

数控铣床夹具（见图 1-31）按其作用和功能通常可由定位元件、夹紧装置、连接元件和夹具体等几个部分组成。定位元件是夹具的主要元件之一，其定位精度将直接影响工件的加工精度，常用的定位元件有 V 形块、定位销和定位块等。夹紧装置的作用是保持工件在夹具中的原定位置，使工件不致因加工时受外力而改变原定位置。连接元件用于确定夹具在机床上的位置，从而保证工件与机床之间的正确加工位置。夹具体是夹具的基础件，用于连接夹具上的各个元件和装置，使之成为一个整体，以保证工件的精度和刚度。

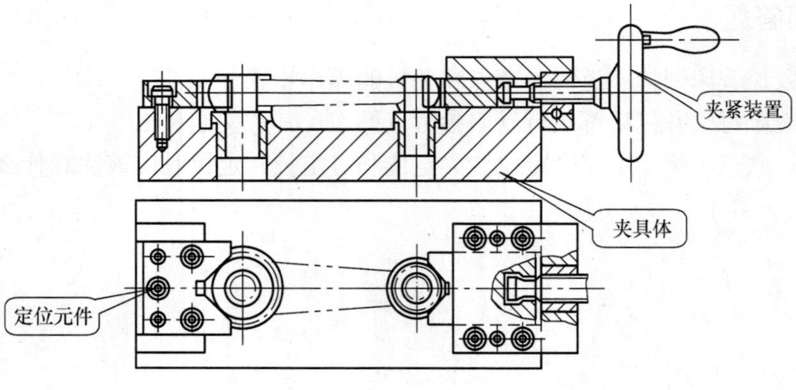

图 1-31 数控铣床夹具的组成

数控铣床夹具的基本要求是：较高的精度和良好的刚度、定位准确、敞开性好、快速装夹方便、排屑容易。

2. 常见通用夹具的使用

（1）机用虎钳的校正与装夹 铣削零件的平面、阶台、斜面和铣削轴类零件的键槽等，都可以用机用虎钳装夹工件。常用的机用虎钳有回转式和非回转式两种，如图 1-32 所示。回转式机用虎钳当需要将装夹的工件回转角度时，可按回转底盘上的刻度线和虎钳体上的零位刻线直接读出所需的角度值。非回转式机用虎钳没有下部的回转盘。回转式机用虎钳在使用时虽然方便，但由于多了一层结构，其高度增加，刚性较差，所以在铣削平面、垂直面和平行面时，一般都采用非回转式机用虎钳。

a）

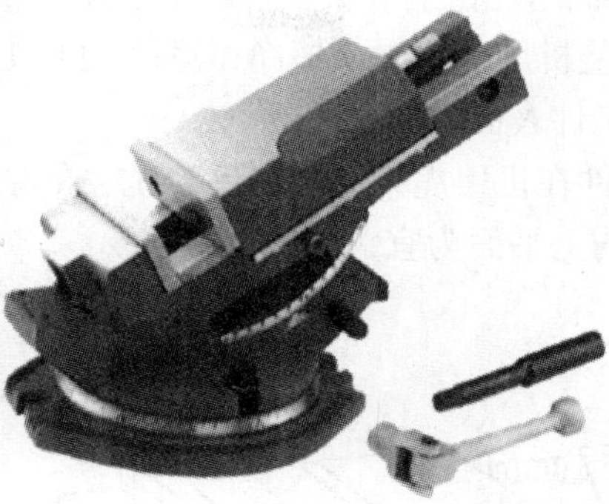

b）

图 1-32 机用虎钳

a）非回转式 b）回转式

用百分表校正机用虎钳的平行度的方法是：先把带有百分表的弯杆用固定环压紧在刀轴上，或者用磁性表座将百分表吸附在悬梁（横梁）导轨或垂直导轨上，并使机用虎钳的固定钳口接触百分表测量头（简称测头）；然后移动纵向或横向工作台，并调整机用虎钳的位置，使百分表上指针的摆差在允许范围内，如图 1-33 所示。当钳口方向的准确度要求不很高时，也可用划针或大头针来代替百分表校正机用虎钳的平行度。

1）毛坯件的装夹。装夹毛坯件时，应选一个大而平整的毛坯面作为粗铣的基准面，将这个面靠在固定钳口面上直接定位夹紧。工件的基准面靠向钳体导轨面上时，应在钳体导轨面和工件平面之间垫平行垫铁，夹紧工件后，用锤子轻击工件上面，同时用手移动垫铁，垫铁不松动时，工件平面即与钳体导轨面贴合好，如图 1-34 所示。选择的平行垫铁尺寸要适当，平行度误差要小；用锤子敲击工件时，用力大小要适当，与夹紧力大小相适应，敲击的位置可从已贴合好的部位开始，逐渐移向没有贴合好的部位；敲击时不可连续用力猛击，应克服垫铁和钳体反作用力的影响，使工件、平行垫铁、钳体导轨面贴合好。

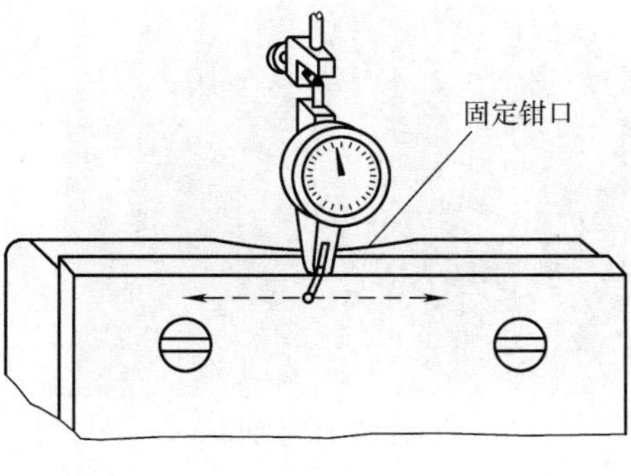

图 1-33 用百分表校正机用虎钳

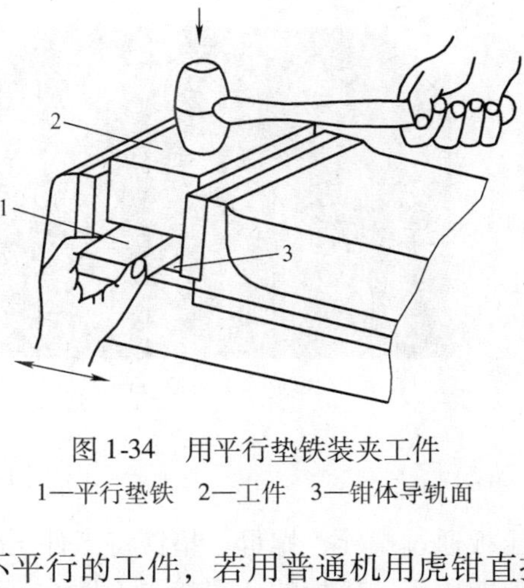

图 1-34 用平行垫铁装夹工件

1—平行垫铁 2—工件 3—钳体导轨面

2）曲面工件在机用虎钳上的装夹。两个平面不平行的工件，若用普通机用虎钳直接夹紧，必定会产生只夹紧大端、小端夹不牢的现象，因此可在钳口内加一对弧形垫铁或 V 形块，如图 1-35 所示。

3）在机用虎钳上装夹工件时的注意事项。

① 安装机用虎钳时应擦净钳底平面和工作台面，装夹工件时应擦净钳口铁平面、钳体导轨面和工件表面。

② 工件在机用虎钳上装夹后，铣去的余量层应高出钳口上平面，高出的尺寸以铣刀铣不着钳口的上平面为宜，如图 1-36 所示。

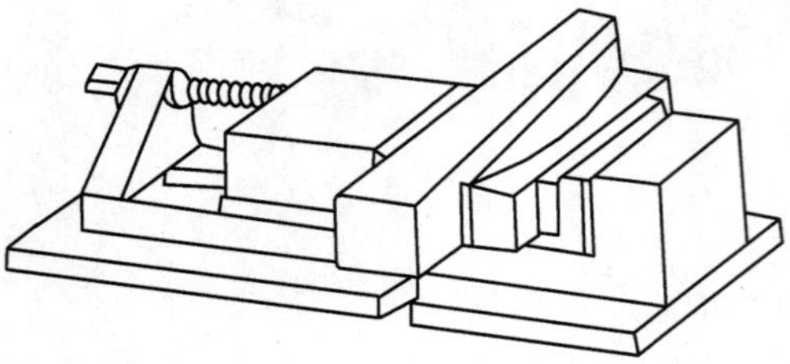

图 1-35　在机用虎钳上装夹斜面工件

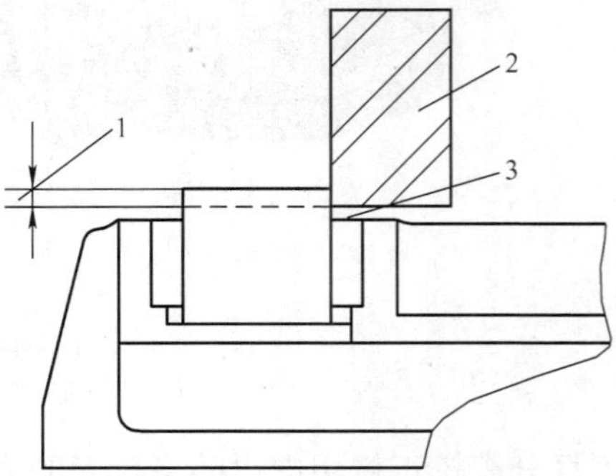

图 1-36　余量层高出钳口上平面
1—工件余量层　2—立铣刀　3—钳口上平面

③ 工件在机用虎钳上装夹时，放置的位置应适当，夹紧工件后钳口受力应均匀。

④ 用平行垫铁装夹工件时，所选用的垫铁的平面度、平行度、相邻表面的垂直度公差应符合要求，垫铁表面要具有一定的硬度。

（2）组合压板的装夹与校正　对于大型工件，无法采用机用虎钳或其他夹具装夹时，可直接采用组合压板进行装夹。数控铣床压板通常采用 T 形螺母与螺栓的夹紧方式。

组合压板适用于各类金属切削机床的工件的夹紧，其夹紧力大，使用方便，安全可靠，能改善工厂文明生产条件，促进工厂实行规范管理，并可作为各类机床的附件配套，如图 1-37所示。

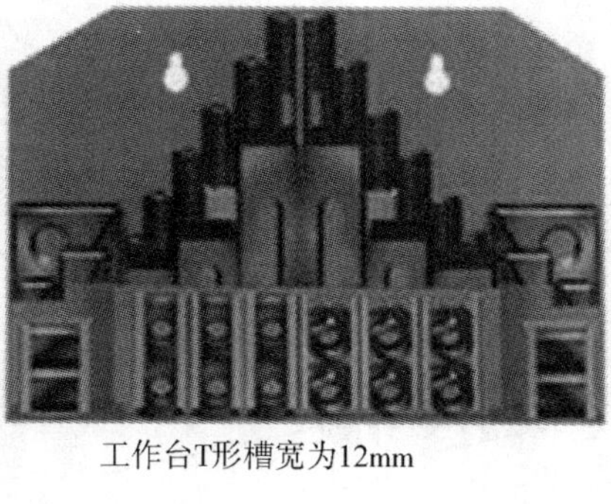

工作台T形槽宽为12mm

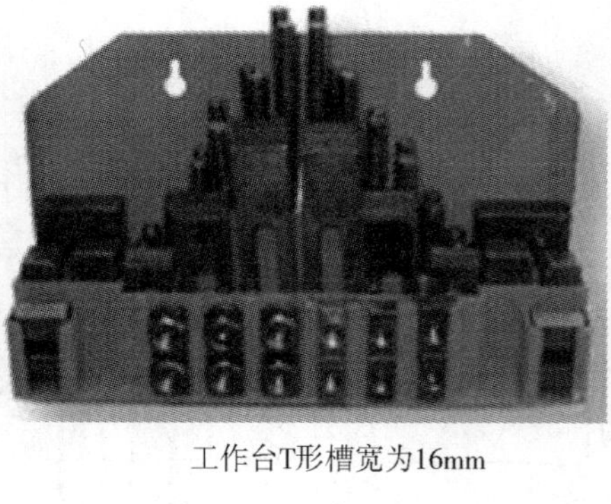

工作台T形槽宽为16mm

图 1-37　组合压板

压板通过螺栓、螺母、垫铁将工件压紧在工作台面上。使用压板夹紧工件时，应选择两块以上的压板，压板的一端搭在工件上，另一端搭在垫铁上。垫铁的高度应等于或略高于工件被夹紧部位的高度，螺栓到工件之间的距离应略小于螺栓到垫铁之间的距离。使用压板时，螺母和压板平面间应有垫圈，如图 1-38 所示。

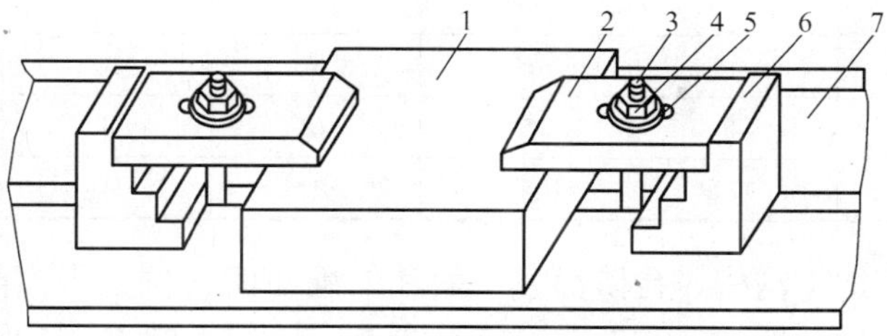

图 1-38　用压板夹紧工件

1—工件　2—压板　3—螺栓　4—螺母　5—垫圈　6—阶台垫铁　7—工作台面

二、数控铣床常用刀具类型与运用范畴

1. 面铣刀

面铣刀的形状如图 1-39 所示，它适合加工表面，尤其适合加工大面积平面。主偏角为 90°的面铣刀还能同时加工出与平面垂直的直角面，这个直角面的高度受到刀片长度的限制。面铣刀的主切削刃分布在外圆柱面或外圆锥面上，其端面上的切削刃为副切削刃。

面铣刀的直径一般较大，通常将其制成镶齿结构，即将其刀齿和刀体分开。

图 1-39　数控铣床面铣刀

刀齿：由硬质合金制成的可转位刀片。

刀体：材料为 40Cr，把刀齿夹固在刀体上，刀齿的一个切削刃用钝后，只需松开夹固件，直接在刀体上转换刀片的新切削刃或更换刀片，重新夹固，即可继续切削。

面铣刀可以用于粗加工，也可以用于精加工。粗加工要求有较高的生产率，即要求有较大的铣削用量。为使粗加工时能取得较大的切削深度，切除较大的余量，粗加工宜选较小的铣刀直径。精加工应能够保证加工精度，要求加工表面粗糙度值要小，应该避免在精加工面上的接刀痕迹，所以精加工的铣刀直径要选大些，最好能包容加工面的整个宽度。面铣刀齿数越多，同时工作齿数也多，生产率越高，铣削过程越平稳，加工质量越好。

2. 立铣刀

立铣刀根据其材料分为高速钢立铣刀和硬质合金立铣刀两种；根据其刀齿数目分为粗齿立铣刀、中齿立铣刀和细齿立铣刀，见表 1-5。粗齿立铣刀刀齿少，强度高，容屑空间大，适于粗加工；细齿立铣刀齿数多，工作平稳，适于精加工；中齿立铣刀的用途介于粗齿立铣刀和细齿立铣刀之间。

表 1-5 立铣刀的直径与齿数

名称 \ 齿数 \ 直径/mm	2 ~ 8	9 ~ 15	16 ~ 28	32 ~ 50	56 ~ 70	80
细齿立铣刀	—	6	8	10	10	12
中齿立铣刀	4	5	6	8	—	—
粗齿立铣刀	2	4	4	4	—	—

立铣刀主要用于加工沟槽、台阶面、平面和二维曲面（例如平面凸轮的轮廓）。习惯上用直径表示立铣刀名称，例如：$\phi12$ 表示直径为 12mm 的立铣刀。立铣刀通常由 2 ~ 6 个刀齿组成。每个刀齿的主切削刃分布在圆柱上，呈螺旋线形，其螺旋角为 30° ~ 45°，这样有利于提高切削过程的平稳性，提高加工精度；刀齿的副切削刃分布在端面上，用来加工与侧面垂直的底平面。立铣刀的主切削刃和副切削刃可以同时进行切削，也可以单独进行切削。刀头磨损后，仅更换可换刀头，即可重新使用，降低了刀具成本，提高了生产率。

3. 键槽铣刀

键槽铣刀如图 1-40 所示，有两个刀齿，圆柱面上和端面上都有切削刃，兼有钻头和立铣刀的功能。端面刃延至圆的中心，使立铣刀可以沿其轴向钻孔，加工到键槽的深度；又可以像立铣刀一样，用圆柱面上的切削刃铣削出键槽长度。铣削时，键槽铣刀先对工件钻孔，然后沿工件轴线铣出键槽全长。

图 1-40 键槽铣刀

4. 模具铣刀

模具铣刀是由立铣刀发展而成的，其直径在 4 ~ 63mm 范围内，主要用于加工三维的模具型腔或凸凹模成形表面。模具铣刀通常有以下几种类型（见图 1-41）：

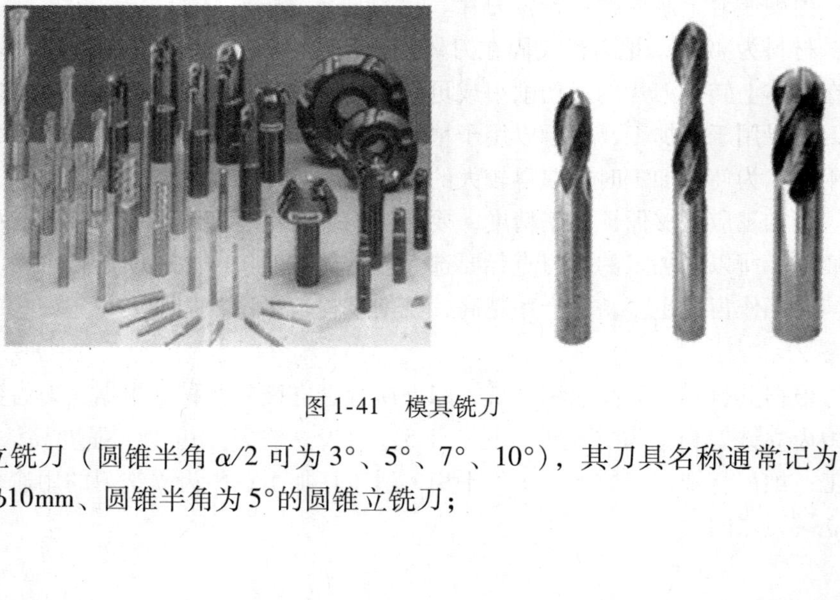

图 1-41 模具铣刀

圆锥形立铣刀（圆锥半角 $\alpha/2$ 可为 3°、5°、7°、10°），其刀具名称通常记为 $\phi10\times5°$，表示直径为 $\phi10$mm、圆锥半角为 5°的圆锥立铣刀；

圆柱形球头立铣刀，刀具名称通常为 $\phi12R6$，表示直径为 $\phi12$mm 的球头立铣刀；

圆锥形球头立铣刀，其刀具名称为 $\phi15\times7°R$，表示直径为 $\phi15$mm、圆锥半角为 7°的圆锥形球头立铣刀。

圆角铣刀（牛鼻刀），刀具名称通常为 $\phi30R5$，表示直径为 $\phi50$mm、倒圆角 $R5$mm 的立铣刀。

5. 普通刀具的安装

安装直柄铣刀时，选用与铣刀柄部直径相同的弹簧夹头，将套筒内外锥、弹簧夹头、铣刀柄部及螺母内锥（或装夹阶台面）擦干净，然后将弹簧夹头装入套筒内，旋好螺母，一起装入主轴固紧，最后安装刀具，用扳手固紧锁紧螺母，将铣刀紧固在刀轴上。

三、对刀仪

对刀仪（或找正器）是用于测定刀具与工件的相对位置的仪器。常用的工件分中有机械偏心式寻边器（见图 1-42）和电子式寻边器（见图 1-43）。

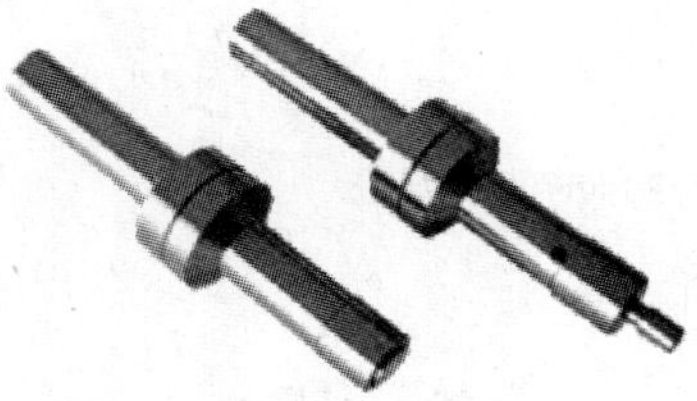

图 1-42 机械偏心式寻边器

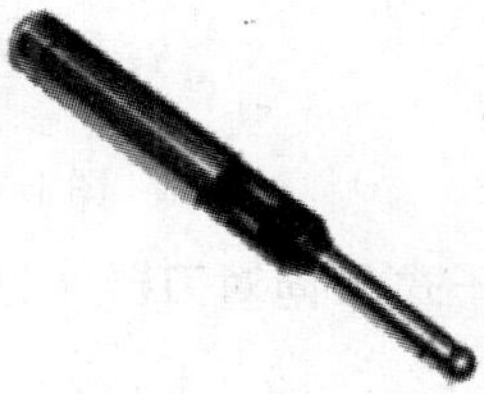

图 1-43 电子式寻边器

1. 机械偏心式寻边器

机械偏心式寻边器的使用方法如下：

1）10mm 的直径可安装在切削夹头或钻孔夹头上，如图 1-44a 所示；

2）以手指轻压测头的侧边，使其偏心 0.5mm，如图 1-44b 所示；

3）使其以 600～800rpm 的速度转动；

4）弹簧力较小，可避免小铣刀或钻头断裂；

5）如图 1-44b 所示，使测头与加工件的端面相接触，一点一点地触碰移动，就会变成如图 1-44c 所示，测头不会振动，宛如静止状态，接着以更微小的进给量来碰触移动，测头就会如图 1-44d 所示，开始朝一定的方向滑动，这个滑动起点就是所要寻求的基准位置；

6）加工件本身的端面位置，就是加上测头半径 5mm 的坐标位置。

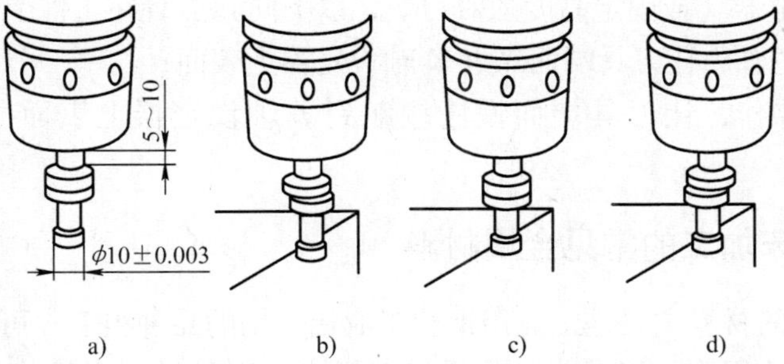

图 1-44 机械偏心式寻边器（分中棒）的使用方法

2. 电子式寻边器

电子式寻边器的使用方法如图 1-45 所示：

1）将工件通过夹具装夹在机床工作台上，装夹时，工件的四个侧面都应留出寻边器的测量位置，快速移动工作台和主轴，让寻边器的测头靠近工件的左侧，不需要回转测量；

2）改用微调操作，让测头慢慢接触到工件左侧，直到寻边器发光；

3）抬起寻边器至工件上表面之上，快速移动工作台和主轴，让测头靠近工件右侧，直到寻边器发光。

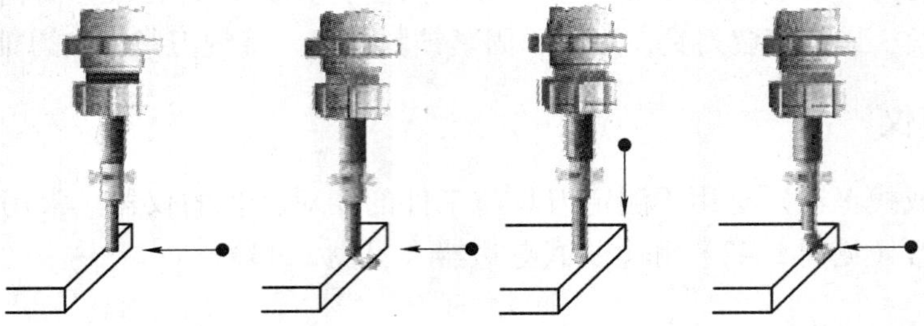

图 1-45　电子式寻边器（分中棒）的使用方法

3. 电子式 Z 向对刀器（见图 1-46）

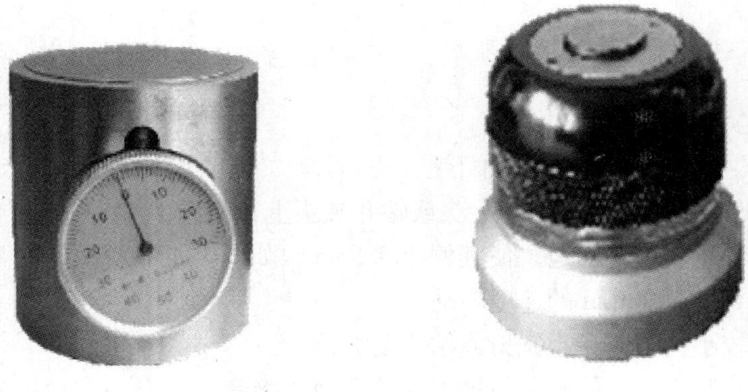

图 1-46　电子式 Z 向对刀器

电子式 Z 向对刀器的使用方法如图 1-47 所示。

1）卸下寻边器，将加工所用刀具装上主轴；

2）将 Z 轴设定器（或固定高度的对刀块，以下同）放置在工件上平面上；

3）快速移动主轴，让刀具端面靠近 Z 轴设定器上表面；

4）改用微调操作，让刀具端面慢慢接触到 Z 轴设定器上表面，直到其指针指示到零位。

四、数控铣床加工的常见金属材料

数控铣床加工的材料主要是工业用钢和工业铝。钢的品种很多，可按冶炼方法、质量类别、化学成分和工业用途加以分类。在质量分类中，以优质碳素结构钢 45 钢最具代表性。

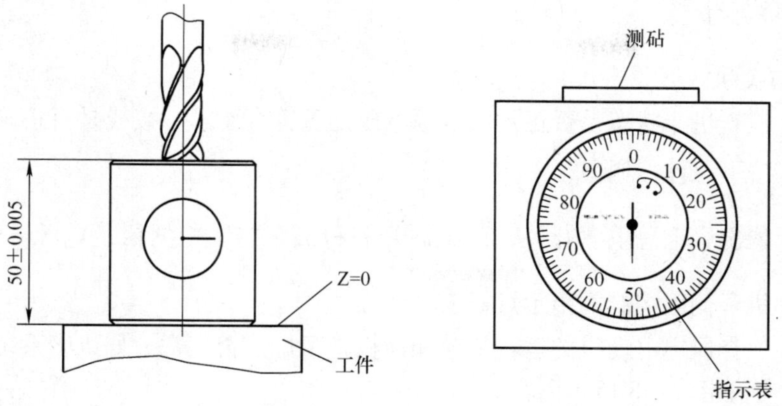

图 1-47　电子式 Z 向对刀器的使用方法

在数控加工中，我们更多的是关注金属的可加工性，即金属被切削的难易程度和加工表面的质量，通常由切削抗力大小、刀具寿命、表面粗糙度值和断屑性等因素来考量。可加工性与材料硬度有密切关系，实践告诉我们，钢最适于切削的硬度范围为 170～230HBW。硬度过低，容易形成积屑瘤，加工表面粗糙度值大；硬度过高，切削力大，刀具易磨损，加工成本高。

铝合金也是数控铣床常加工的金属，其硬度比较低，断屑性能良好。但由于铝合金熔点比钢要低，切削过程中容易产生切屑粘力现象，采用切削液辅助加工可大大改善铝的可加工性、切削效率和表面质量。

任务实施

一、目的及要求

1）培养学生良好的工作作风和安全意识。

2）培养学生的责任心和团队精神。

3）学会 FANUC 0i 系统数控铣床的操作流程。

4）学会 FANUC 0i 系统数控铣床的保养方法。

二、设备及器材

本任务所需的实训设备及器材见表 1-6。

表 1-6　实训设备与器材

项　目	名　称	规　格	数　量
设备	数控铣床	FANUC	8～10 台
夹具	机用虎钳	20mm	8～10 台
刀具	立铣刀	ϕ12mm	8～10 把
备料	硬铝型材	60mm×60mm×30mm	8～10 块
其他	毛刷、扳手、平行板等	配套	一批

三、内容与步骤

1. 开机与关机

第 1 步：检查机床状态是否正常、电源电压是否符合要求、接线是否正确。

第 2 步：按下急停按钮。

第 3 步：依次合上总电源开关、稳压器开关和机床控制柜的绿色电源开关按钮，此时机床电动机和伺服控制的指示灯变亮。

第 4 步：检查风扇电动机的运行情况和面板指示灯是否正常。如机床系统没准备好，数控显示区会显示如图 1-48 所示内容。

第 5 步：左旋并拔起面板右上角的“急停”按钮，有的机床需要按下按钮，让数控系统复位而使得机床系统处于已经准备好状态，其显示如图 1-49 所示。

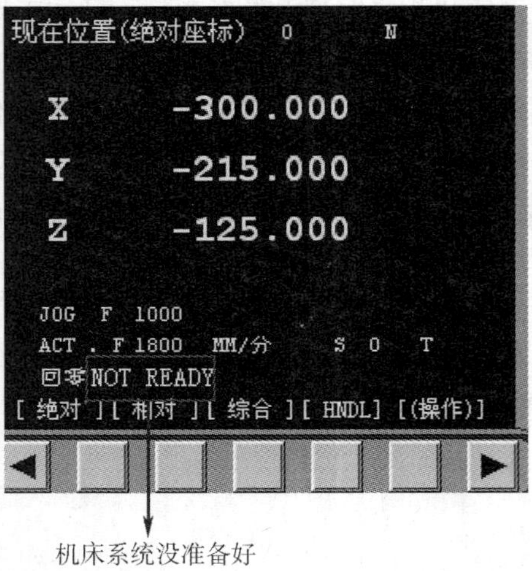

图 1-48 机床系统没准备好的显示

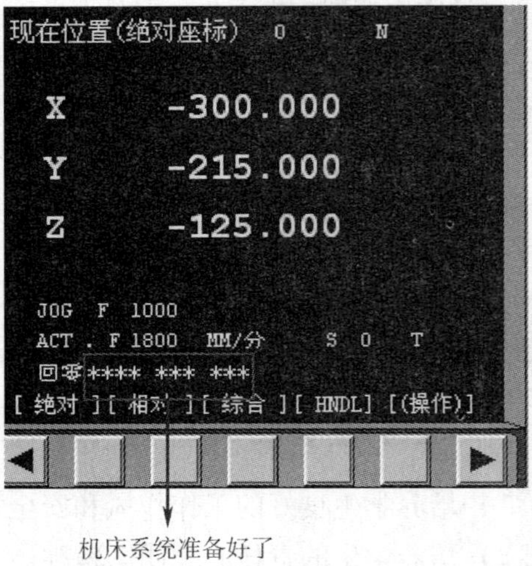

图 1-49 机床系统已经准备好的显示

2. 回零

1）检查操作面板上的回零点指示灯是否亮，若指示灯亮，则已进入回零点模式；若指示灯不亮，则按按钮，转入回零点模式。

2）为改变移动速度，按下快速移动倍率选择开关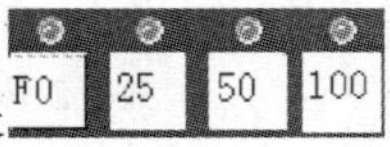，可改变快速移动的速度。

3）在回零点模式下，先将 Z 轴回原点（避免主轴在回零过程中与工作台上的机用虎钳或夹具发生干涉碰撞）。按操作面板上的按钮，使 Z 轴方向移动指示灯闪烁，按

按钮，此时 Z 轴将回零点，Z 轴回零点灯变亮，CRT 上的 Z 坐标变为“0.000”。

4）重复步骤 2）和 3），再分别按 X、Y 轴方向的移动按钮和，使指示灯闪烁；按按钮，此时 X、Y 轴将回原点，灯和变亮。此时 CRT 界面如图 1-50 所示。

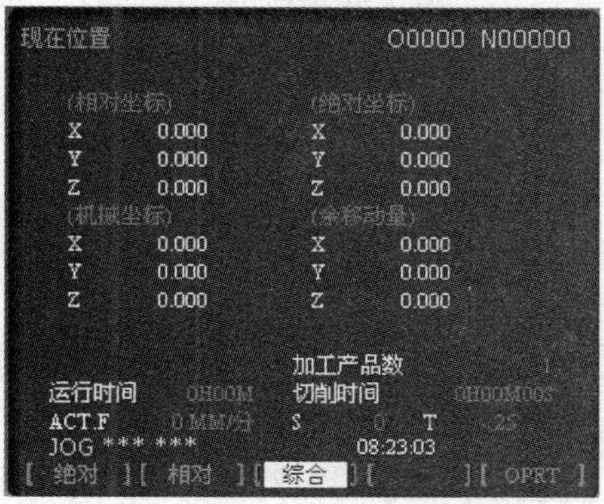

图 1-50　回零点后的 CRT 界面

3. 安装工件

第 1 步：松开机用虎钳，清理钳口处的切屑和脏物。

第 2 步：将机用虎钳安装到数控铣床的工作台，用百分表校正机用虎钳。

第 3 步：紧靠钳口竖立安放好两块规格一样的平行垫板，如图 1-6 所示。

第 4 步：将工件平放在机用虎钳钳口的中间位置，边用铜棒轻轻敲打工件上表面边用扳手锁紧机用虎钳，直到平行垫板被工件压紧不能左右移动为止，用力锁紧机用虎钳即可，如图 1-7 所示。

4. 安装刀具

第 1 步：清理刀具和刀柄，将弹簧夹头卡入固定圆螺母内，如图 1-8 所示。

第 2 步：将刀具的刀柄插入弹簧夹套孔内，切削刃的工作部分全部伸出，并根据加工深度适当调整伸出部分的长度，如图 1-9 所示。

第 3 步：将弹簧夹套装入刀柄锥孔（见图 1-10），然后用扳手锁紧固定圆螺母，如图 1-11所示。

第 4 步：按操作面板上的“手动”按钮，使其指示灯亮，机床进入手动加工模式。

第 5 步：清洁刀柄锥面和主轴锥孔，左手握住刀柄，将刀柄的键槽对准主轴端面键，垂直伸入到主轴内；同时，右手按住主轴换刀按钮，直到刀柄锥面与主轴锥孔完全贴合后，松开按钮，刀柄即被自动夹紧，确认夹紧后方可松手，如图 1-51 所示。

图 1-51　将刀柄装入主轴孔

第 6 步：刀柄装上后，用手转动主轴，检查刀柄是否装夹正确、是否夹紧。

5. 分中对刀

（1）X 轴对刀

第 1 步：首先在 X 轴方向对刀。按操作面板上的手动按钮，使其指示灯变亮，机床转入手动加工状态。

第2步：按操作面板上的或按钮，控制主轴转动。

第3步：首先利用操作面板上的X、Y、Z按钮和+、−按钮，将机床刀具移动到工件附近的大致位置。

第4步：当刀具移动到工件附近的大致位置后，可以采用手动脉冲方式移动机床，按操作面板上的手动脉冲按钮或，使手动脉冲指示灯变亮，采用手动脉冲方式精确移动机床，将手轮对应轴旋钮置于X挡，调节手轮进给速度旋钮，旋转手轮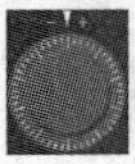，精确移动零件，直到刀具开始切削到工件边沿为止。

第5步：按MDI键盘上的POS按钮，使CRT界面上显示坐标值。对X轴清零，升高刀具，将其移至工件的另一边，将手轮对应轴旋钮置于X挡，调节手轮进给速度旋钮，旋转手轮，精确移动工件，直到刀具开始切削到工件边沿为止。记下此时CRT界面中的X坐标，此为刀具中心的X坐标，记为X1，将刀具直径记为X2，则工件上表面中心的坐标X=（X1+X2）/2，结果记为X。

（2）Y轴对刀　Y方向对刀采用与上述相同的方法，得到工件中心的Y坐标，结果记为Y。

（3）Z轴对刀

第1步：按操作面板上的或按钮，控制主轴转动。

第2步：首先利用操作面板上的X、Y、Z按钮和+、−按钮，将机床刀具移动到工件附近的大致位置。

第3步：按操作面板上的Z和−按钮，直到刀具开始切削到工件的上表面为止，记下此时Z的坐标值，记为Z。此Z值即为工件表面一点处Z的坐标值。

通过对刀得到的坐标值（X，Y，Z），即为工件坐标系原点在机床坐标系中的坐标值。

6. 抄数（设置工件坐标系）

数控加工前，须在工件坐标系设定界面上确定工件零点相对于机床零点的偏移量，并将数值存入数控系统中。确定工件与机床坐标系的关系有两种方法，一种是通过G54～G59指令设定，另一种是通过G92指令设定。

（1）G54～G59参数设置　将刀具得到的工件原点在机床坐标系上的坐标数据（X，Y，Z）输入为G54工件坐标系原点。

第1步：按OFFSET SETTING键，使用CRT/MDI面板，打开工件坐标系设定界面，切换屏幕界面，可以显示每个工件坐标系的工件零点偏移值。

第 2 步：按章节选择软体键［WORK］，显示工件坐标系设定界面。

第 3 步：按“PAGE”软体键，切换界面，找出所需的界面，或按 MDI 键盘上的数字/字母键，输入“0＊”（01 表示 G54，02 表示 G55，以此类推），按软键“NO 检索”，光标停留在选定的坐标参数设定区域（设定 G54），用方位键、、、选择所需的坐标系和坐标轴。

第 4 步：先设 X 的坐标值，如利用 MDI 键盘输入“ -500.0”，按软键“输入”，则 G54 中 X 的坐标值变为 -500.0。

第 5 步：用方位键将光标移至 Y 的位置，如输入“ -415.00”，按软键“INPUT”。

第 6 步：再将光标移至 Z 的位置，如输入“ -404.0”，按软键“输入”，即完成了 G54 参数的设定，此时 CRT 界面如图 1-52 所示。

（2）G92 参数的设定。通过对刀得到的 X、Y、Z 值即为工件坐标系 G92 的原点值。如果程序是使用工件坐标系 G92，则每次更换工件都要重新对刀。因为 G92 的坐标原点与对刀时的刀位点密切相关，不同的刀位点将会得到不同坐标原点的 G92 坐标系，故推荐使用工件坐标系 G54 ~ G59。

（3）输入刀具直径补偿参数　FANUC 0i 的刀具直径补偿包括形状直径补偿和磨耗直径补偿两种。

第 1 步：在起始界面下，按 MDI 界面的

键，进入补正参数设定界面。

第 2 步：利用方位键、、、将光标移到对应刀具的“形状（D）”栏，按 MDI 键盘上的数字/字母键，如输入“4.000”，按软键“输入”，把输入域中的补偿值输入到所指定的位置。如图 1-53 所示，此时已将选择的刀具半径 4.000mm 输入。

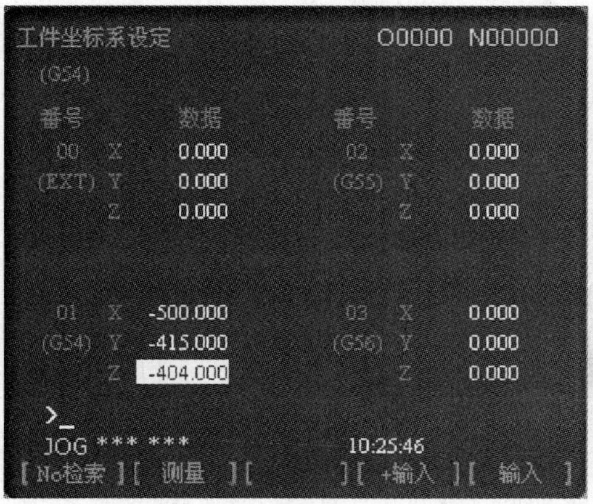

图 1-52　G54 坐标参数的设定

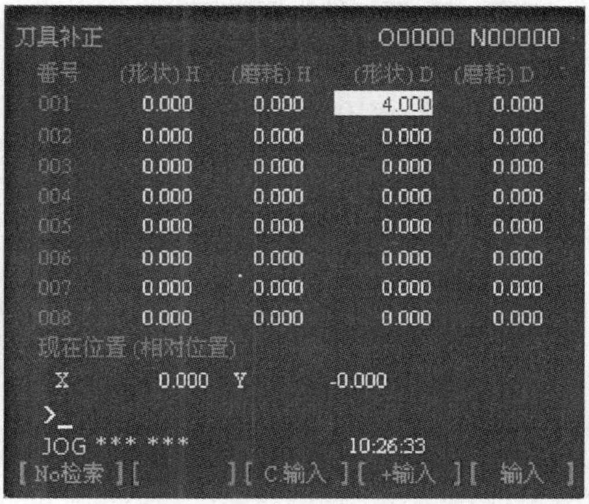

图 1-53　刀具补偿对话框

第 3 步：按 CAN 键逐字删除输入域中的字符。

注：直径补偿参数若为 4mm，在输入时需输入“4.000”，如果只输入“4”，则系统默认为“0.004”。

（4）输入刀具长度补偿参数　铣刀可以根据需要抬高或降低，通过在数控程序中调用长度补偿实现。长度补偿参数在刀具表中按需要输入。FANUC 0i 的刀具长度补偿包括形状长度补偿和磨耗长度补偿两种。

第 1 步：在起始界面下，按 MDI 界面的 CAN 键，进入补正参数设定界面。

第 2 步：用方位键 ↑、↓、←、→ 选择所需的编号，并确定需要设定的长度补偿是形状补偿还是磨耗补偿，将光标移到相应的区域。按 MDI 键盘上的数字/字母键，输入刀具长度补偿参数。按软键“输入”或按 INPUT 键，参数输入到指定区域。

按 CAN 键逐字删除输入域中的字符。

7. 编辑程序

第 1 步：单击操作面板上的编辑按钮，编辑状态指示灯变亮，此时已进入编辑状态。单击 MDI 键盘上的 PROG 按钮，CRT 界面转入编辑页面。利用 MDI 键盘输入“Ox”（x 为程序编号，但不可以与已有程序的编号重复），按 INSERT 键，CRT 界面上显示一个空程序，可以通过 MDI 键盘开始程序输入。输入一段代码后，按 INSERT 键，输入域中的内容显示在 CRT 界面上，用回车换行键 EOB E 结束一行的输入后换行。

第 2 步：手动输入如下程序：

```
O0001
G54　G0　Z100
M3　S2000
G0　X-70　Y-50
G1　Z90　F500
X100
Y10
X-100
G0　Z100
M30
```

第 3 步：编辑修改，删除程序。

（1）移动光标　按 ↑PAGE 和 ↓PAGE 翻页，按方位键 ↑、↓、←、→ 移动光标。

（2）插入字符　先将光标移到所需位置，单击 MDI 键盘上的数字/字母键，将代码输入到输入域中，按INSERT键，把输入域的内容插入到光标所在代码的后面。

按CAN键删除输入域中的数据。

（3）删除字符　先将光标移到所需删除字符的位置，按DELETE键，删除光标所在位置的代码。

（4）查找　输入需要查找的字母或代码；按↓键开始在当前数控程序中光标所在位置后搜索（代码可以是一个字母或一个完整的代码，例如“N0010”、“M”等）。如果此数控程序中包含所搜索的代码，则光标停留在找到的代码处；如果此数控程序中光标所在位置后没有所搜索的代码，则光标停留在原处。

（5）替换　先将光标移到所需替换字符的位置，将替换成的字符通过 MDI 键盘输入到输入域中，按ALTER键，输入域的内容替代光标所在位置的代码。

第 4 步：调用程序。

经过导入数控程序操作后，单击 MDI 键盘上的PROG按钮，CRT 界面转入编辑页面。利用 MDI 键盘输入“Ox”（x 为数控程序目录中显示的程序号），按↓键开始搜索，搜索到后，“OXXXX”显示在屏幕首行程序编号位置，NC 程序显示在屏幕上。

8. 程序校验试加工

（1）存储器运行（也称自动运行）　程序存到 CNC 存储器中，机床可以按程序指令运行，称为存储器运行方式。

第 1 步：检查机床是否回零，若未回零，先将机床回零。

第 2 步：检查“自动运行”指示灯是否亮，若未亮，按操作面板上的“自动运行”按钮，使其指示灯变亮。

第 3 步：按PROG键，系统显示程序屏幕界面。

第 4 步：按POS地址键，键入程序号的地址。

第 5 步：按操作面板上的启动循环按键，程序开始运行。同时，循环启动 LED 灯闪亮。当自动运行结束时，指示灯熄灭。

第 6 步：数控程序在运行过程中可根据需要暂停、停止、急停和重新运行。在运行数控程序时，按暂停键，进给暂停指示灯 LED 亮，运行指示灯熄灭，程序停止执行；再按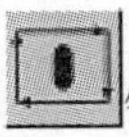键，程序从暂停位置开始执行。

第 7 步：在运行数控程序时，按暂停键，程序停止执行；再按键，程序重新开始执行。

第8 步：在运行数控程序时，按下急停按钮，数控程序中断运行；继续运行时，先将急停按钮松开，再按按钮，余下的数控程序从中断行开始作为一个独立的程序执行。

第 9 步：运行自动/单段方式，按操作面板上的“单节”按钮。按操作面板上的按钮，程序开始执行。自动/单段方式执行每一行程序，均需单击一次按钮。

第 10 步：单击“单节跳过”按钮，则程序运行时跳过符号“/”有效，该行成为注释行，不执行。

第 11 步：单击“选择性停止”按钮，则程序中的 M01 有效。

第 12 步：可以通过主轴倍率旋钮和进给倍率旋钮来调节主轴旋转的速度和移动的速度。

第 13 步：程序运行过程中按下

键，自动运行将被终止，并进入复位状态。

9. 关机

第 1 步：按下急停按钮。

第 2 步：关闭数控系统红色电源开关按钮

。

第 3 步，依次合上机床控制柜开关、稳压器开关和总电源开关。

10. 机床保养

第 1 步：按要求摆放好刀具、量具和机床配件。

第 2 步：清理夹具、导轨、工作台和防护门上的切屑等脏物。

考核评价

一、考核检验

1. 考核一

考核一的考核评价标准见表 1-7。

表 1-7　考核评价标准

项　　目	序号	考核内容及要求	检验结果	得分	备注
数控铣床开机的操作流程	1	检查机床的电源电压是否符合要求、接线是否正确，按下急停按钮			
	2	机床开关上电、数控系统上电			
	3	检查风扇电动机的运转和面板上的指示灯是否正常			
数控铣床回参考点的操作流程及注意事项	4	检查是否按到“回零”方式			
	5	回零坐标轴的顺序，先 Z 轴后 X、Y 轴			
	6	检查回零坐标轴的指示灯是否亮			
	7	检查机床坐标系，正确应为 X0、Y0、Z0			
	8	回零超程的解除方法			
数控铣床关机的操作流程	9	按下控制面板上的“急停”按钮，断开伺服电源			
	10	先断开数控电源，后断开机床电源			
	11	清洁和保养机床			

2. 考核二

考核二的考核评价标准见表 1-8。

表 1-8　考核评价标准

项　　目	序号	考核内容及要求	检验结果	得分	备注
编辑程序	1	新建、保存程序的操作技能			
	2	编辑、修改程序的操作技能			
	3	键盘使用的熟练程度和简单程序的掌握			
校验程序	4	掌握校验程序操作流程的技能			
	5	学会看校验程序的轨迹图			
	6	判断加工程序的正确性并修改			
试件加工	7	试件加工的操作技能			
	8	解决试件加工所出现的安全问题			

二、学习反思

学习后反思自己的表现，并将学习中的收获填入表 1-9。

表 1-9　学习收获

类　型	内　　容
掌握知识	
掌握技能	
收获体会	
需解决问题	
学生签名	

拓展内容

一、数控加工刀具的材料

刀具的选择是根据零件材料的种类和硬度以及加工表面粗糙度要求和加工余量等已知条

件来决定刀片的几何结构（如刀尖圆角）、进给量、切削速度和刀片牌号等。

数控刀具材料有高速钢（分为 W 系列高速钢和 Mo 系列高速钢）、硬质合金［分为钨钴类、钨钛钴类和钨钛钽（铌）钴类］、陶瓷［纯氧化铝类（白色陶瓷）和 TiC 添加类（黑色陶瓷）］、立方碳化硼和聚晶金刚石。一般工厂使用最多的就是高速钢（白钢刀）和硬质合金刀具，与其他几类刀具相比，其价格相对比较便宜。常用刀具材料的性能见表 1-10。

表 1-10 常用刀具材料的性能比较

刀具材料	切削速度	耐磨性	硬度	硬度随温度变化
高速钢	最低	最差	最低	最大
硬质合金	低	差	低	大
陶瓷刀片	中	中	中	中
金刚石	高	好	高	小

1）高速钢刀具：如图 1-54 所示，有米制或英制。这种刀最常用，切削刃锋利，适宜加工硬度较低的工件，如 45 钢等，加工模具材料时也常用。这种刀具价格便宜，易买到，但易磨损，易损耗，进口的高速钢刀具含有 Co、Mn 等合金元素，较耐用，精度也高，如 LBK 和 YG 等。

2）硬质合金刀具：用合金材料制成，硬而脆，耐高温，主要用于加工硬度较高的工件，如前模、后模、镶件、行位或斜顶等。硬质合金刀具耐高温，需较高转速加工，否则容易崩刃，而且其加工效率和质量比高速钢刀具好，是目前数控加工中使用最多的刀具材料。

3）分离式刀片：如图 1-55 所示。这种刀因刀片是可以更换的，而刀片是合金材料做成的，通常又有涂层，耐用，价格也便宜，加工钢料最好用这种刀。刀片有方形的、菱形的和圆形的。方形和菱形刀片只能用两个角，而圆形刀片的一圈都可以用，当然更耐用一些，常用的有直径 25mm × R5mm、直径 12mm × R4mm、直径 30mm × R5mm、直径 32mm × R5mm、直径 32mm × R6mm、直径 32mm × R0. 8mm、直径 16mm × R0. 6mm、直径 20mm × R0. 6mm、直径 25mm × R0. 8mm 和直径 30mm × R0. 8mm 等，还有一种半圆刀片，即球形刀片，用于曲面精加工时很好用，常用的有 R5mm、R6mm、R8mm、R10mm 和 R12. 5mm 等。

图 1-54 高速钢立铣刀

图 1-55 分离式刀片

常用刀具材料的性能比较见表 1-11。

表 1-11　常用刀具材料的性能比较

加工的材料 / 刀具种类	铜　铝	钢　料	烧焊，淬火
高速钢刀具	好	一般	不好
硬质合金刀具	好	好	好
分离式刀片	一般	好	好

二、卡盘和分度头的装夹与找正

卡盘根据卡爪的数量分为二爪卡盘、自定心卡盘（见图 1-56）、单动卡盘和六爪卡盘等几种类型。在数控车床和数控铣床上应用较多的是自定心卡盘和单动卡盘。数控铣床或数控车床上加工中小型圆柱形工件时，常采用自定心卡盘进行装夹。卡盘的夹紧机构有机械螺旋式、气动式或液压式等多种形式。

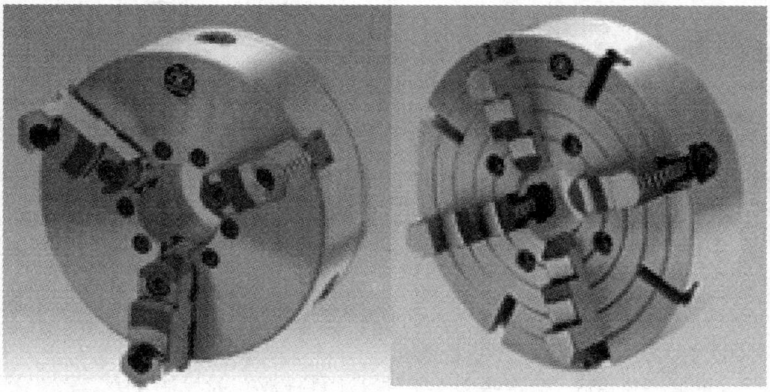

图 1-56　自定心卡盘和单动卡盘

数控铣床用卡盘通常用压板压紧在工作台上，使卡盘轴心线与主轴平行。自定心卡盘装夹圆柱形工件的找正方法如图 1-57 所示。将百分表固定在主轴上，测头接触外圆侧母线，上下移动主轴，根据百分表的读数用铜棒轻敲工件进行调整，当主轴上下移动过程中百分表读数不变时，表示工件母线平行于 Z 轴。

当找正工件外圆圆心时，可手动旋转主轴，根据百分表的读数值在 XY 平面内手摇移动工件，直至手动旋转主轴时百分表读数值不变。此时，工件中心与主轴轴心同轴。记下此时的 X、Y 机床坐标系的坐标值，可将该点（圆柱中心）设为工件坐标系 XY 平面的编程零点。内孔中心的找正方法与外圆圆心的找正方法相同。

许多机械零件，如花键、齿轮等在加工时，常采用分度头分度的办法来等分每一个齿槽，从而加工出合格的零件。分度头是数控铣床的主要部件。在机械加工中，常用的分度头有万能分度头、简单分度头和直接分度头等，但这些分度头的分度精度普遍不是很精密。因此，为了提高分度精度，数控机床上采用投影光学分度头和显示分度头等对精密零件进行分度。

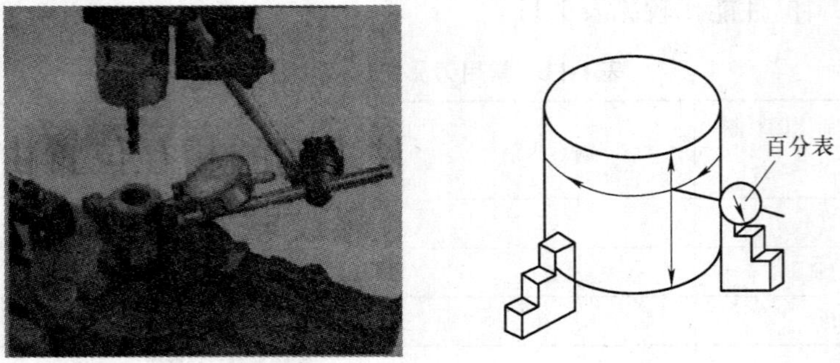

图 1-57　自定心卡盘装夹圆柱形工件的找正方法

分度头装夹工件（工件横放）的找正方法如图 1-58 所示，首先，分别在 1 点和 2 点处前后移动百分表，调整工件，保证两处百分表的最大读数相等，以找正工件与工作台面的平行度；其次，在 2 处转动分度头，找正工件侧母线与工件进给方向平行。

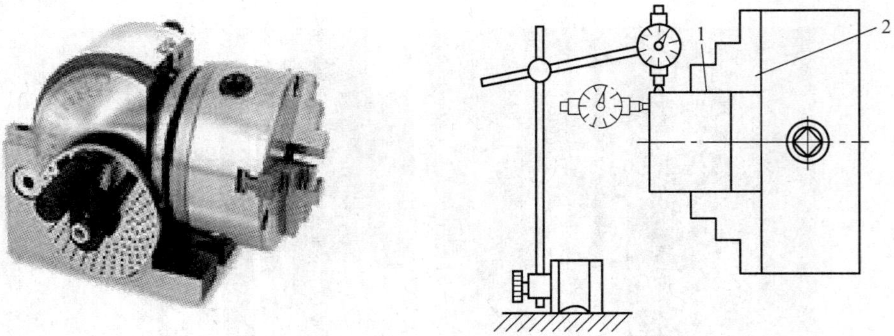

图 1-58　分度头装夹工件（工件横放）的找正方法

思考与练习

一、选择题

1. 回零操作就是使运动部件回到________。

A. 机床坐标系原点　　B. 机床的机械零点　　C. 工件坐标系的原点

2. 在 CRT/MDI 面板的功能键中，显示机床现在位置的键是________。

A. POS　　B. PRGRM　　C. OFFSET

3. 在 CRT/MDI 面板的功能键中，用于程序编制的键是________。

A. POS　　B. PRGRM　　C. ALARM

4. 在 CRT/MDI 面板的功能键中，用于刀具偏置参数设置的键是________。

A. POS　　B. OFFSET　　C. PRGRM

5. 数控程序编制功能中常用的插入键是________。

A. INSRT　　B. ALTER　　C. DELET

6. 设置零点偏置（G54 ~ G59）是从________输入。

A. 程序段中　　B. 机床操作面板　　C. CNC 控制面板

7. 固定于机用虎钳上的工件可用________协助敲打以找正其位置。

A. 钢质锤子　　B. 合成树脂锤子　　C. 铁块　　D. 扳手

8. 工件尽可能夹持于机用虎钳钳口的________。

A. 右方　　B. 左方　　C. 中央　　D. 任意位置

二、判断题

(　　) 1. 常用的定位元件不包括定位销和定位块。

(　　) 2. 铣削零件的平面、阶台、斜面和铣削轴类零件的键槽，都可以用机用虎钳装夹工件。

(　　) 3. 在数控机床上加工零件，应尽量选用组合夹具和通用夹具，避免采用专用夹具。

(　　) 4. 齿数越多，同时工作齿数也多，生产率高，加工质量好，但会由于参与铣削的齿越多而产生不平衡现象。

(　　) 5. 对刀器是用于测定刀具与工件相对位置的仪器。

三、简答题

1. 使用压板夹紧工件有什么特点？

2. 写出在机用虎钳上装夹工件时的找正方法。

3. 数控铣床常用的刀具类型有哪些？分别有什么用途？

项目二

数控铣床的简单零件加工

通过简单零件的编程与加工，初步掌握数控铣床加工程序的基本结构、编程指令和数控加工工艺。合理的数控加工工艺可以简化编程，提高加工效率。合理的程序和加工操作可以保证数控铣床安全、稳定地运行，提高企业经济效益，增强竞争力。

通过本项目的学习（训练），了解数控铣床加工程序的基本结构，程序格式以及子程序的编程技巧；掌握数控铣床二维轮廓类与孔类零件的编程和加工技能。通过简单零件的编程加工训练，掌握数控系统常用指令的编程与加工方法，能够独立完成简单零件的加工。

知识目标

1. 了解数控铣床加工程序的基本结构。
2. 熟悉常用的数控系统编程指令及其格式。
3. 掌握简单轮廓类和孔类零件的编程方法。
4. 掌握数控铣床加工工艺。

技能目标

1. 学会制订简单零件的数控加工工艺。
2. 学会数控铣床轮廓类和孔类零件加工的程序编制方法。
3. 学会数控铣床上简单零件的加工方法。

素质目标

1. 激发学生对数控技术的兴趣和职业优越感。
2. 培养高尚的职业情操。

建议课时分配表

名　　称	课时/节
任务一　方料单面轮廓类零件的加工	10
任务二　圆料单面孔类零件的加工	10
合　　计	20

任务一　方料单面轮廓类零件的加工

工作任务

1）方料单面加工数控加工工艺的制订。

2）方料单面轮廓类（银行标志，见图 2-1）零件加工程序的编制。

3）方料单面轮廓类（银行标志）零件的加工操作。

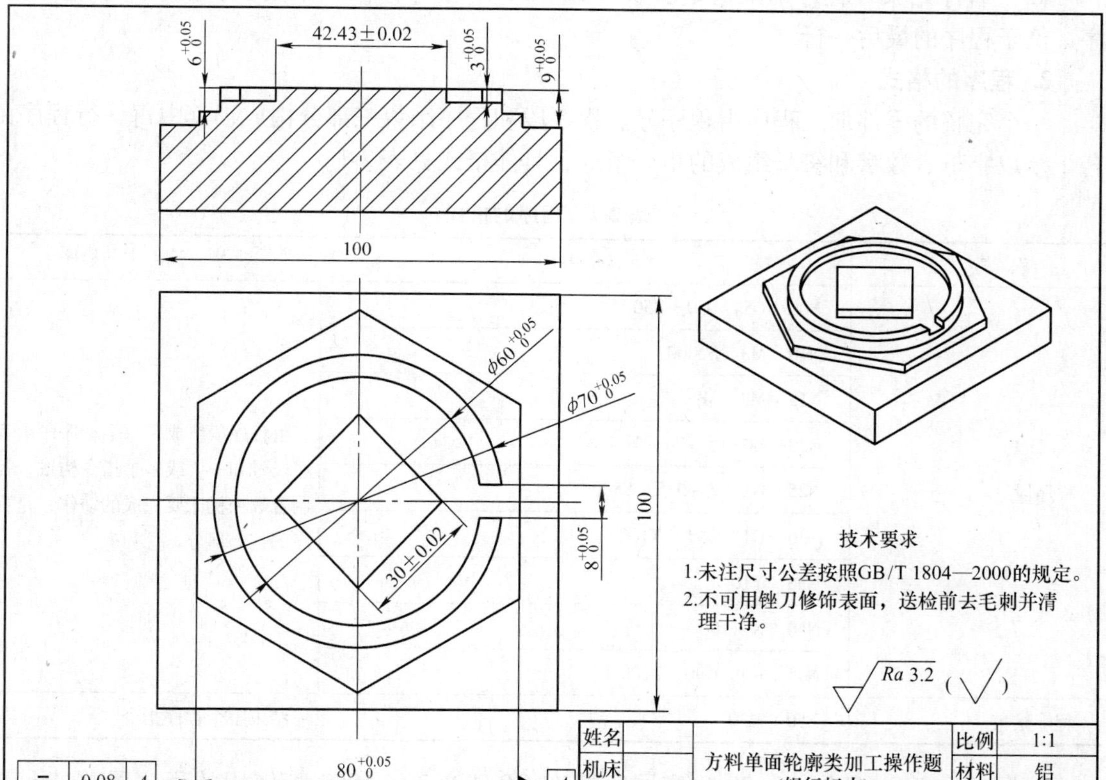

图 2-1　银行标志零件图

相关知识

一、数控铣床程序的结构组成

1. 程序的结构

零件程序是一组被送到数控装置中去执行的指令和数据。一个完整的程序由程序号、程序内容和程序结束三部分组成。程序号用于区别存储器中的程序，标志一个数控程序的开始，由地址符与数字组成，所以对每一个完整的程序都需进行编号，即命名。程序内容则由若干程序段组成，程序段由若干字组成，每个字又由字母和数字组成，它描述了零件加工的整个过程，控制着数控机床要完成的动作。

（1）程序号　程序号为程序的开始部分。为了区别存储器中的程序，每个程序都要有程序编号，在编号前采用程序编号地址码。如在 FANUC 系统中，采用英文字母“O”作为程序编号地址，华中数控系统采用“%”作为程序编号地址，而其他系统采用“P”或“:”等作为程序编号地址。

（2）程序内容　程序内容是整个程序的核心，由许多程序段组成，每个程序段由一个或多个指令组成，表示数控机床要完成的全部动作。

（3）程序结束　程序结束指令以 M02 或 M30 作为整个程序结束的符号，来结束整个程序，位于程序的最后一行。

2. 程序的格式

一个完整的零件加工程序由程序号、程序段和程序结束三部分构成，其中每一行程序由若干个以字母、数字和符号组成的指令组成，具体格式见表 2-1。

表 2-1　程序的格式

程　序　号	O0001	区别存储器中的程序
程序段	N05　G54　G0　Z50	由程序段组成，每个程序段由程序段号和一个或多个指令构成，控制着数控机床要完成的动作，是程序的核心部分
	N10　M3　S2000	
	N15　M8　M9	
	N20　G0　X－70　Y－50	
	N25　G1　Z－0.5　F500	
	N30　G1　G91　X100	
	N35　Y10	
	N40　X－100	
	N45　G0　G90　Z100	
程序结束	N50　M30	结束整个程序指令

国际标准 ISO 6983—1—2009 和国家标准 GB/T 8870—1988 都使用的程序段格式见表 2-2，每个功能字后面都带数值，表示该指令的参数。

表 2-2　程序段格式

N—	G—	X—	Y—	Z—	F—	S—	T—	M—	;
程序段序号字	准备功能字	尺寸功能字			进给功能字	主轴功能字	刀具功能字	辅助功能字	程序段结束符

需要注意的是，一个加工程序是按照程序的输入顺序逐行执行的，并不是按照程序段号的顺序来执行的。程序段号只起到“程序跳转”和“程序检索”的目标定位作用，不受数值次序影响，也可以省略。如果编写了程序段号，通常情况下按照数值递增依次编写，这样有利于逐行检查、修改和增减程序段。每一个程序段中不一定包含所有的功能字，应该根据

加工工件的实际需要正确选用功能字。

3. 编程思路

基本的编程思路见表2-3。

表2-3　编程思路

程　序　号	O1111	编 程 思 路
开头部分	%0001	程序号，华中数控系统必须以%开头，后面跟数字
	N05　G54　G0　Z50	选择工件坐标系，快速提刀到安全高度
	N10　M3　S2000	主轴正转
	N15　M8	打开切削液
加工部分（在不同工件程序中有所不同）	N20　G0　X－70　Y－40	快速移动到加工起始点
	N25　G1　Z－0.5　F500	Z轴下刀进行加工
	N30　G1　G91　X100	刀具切削到离当前点X轴正方向上100mm处
	N35　80	刀具切削到离当前点Y轴正方向上80mm处
	N40　X－100	刀具切削到离当前点X轴反方向上100mm处
	N45　Y－100	刀具切削到离当前点Y轴反方向上100mm处
结束部分	N50　G90　G0　Z100	快速提刀到安全高度
	N55　M30	程序结束，机床刀具和工作台停止动作

手动编程时，几乎所有数控铣床程序的开始和结束部分都有相同的基本动作过程，不同之处就在于加工轮廓会因不同工件的几何要素而不同。在上面的程序中，N25～N45就是描述工件几何要素的部分。大家在初学手动编程时，可按照这些思路编写不同零件的加工程序。

二、轮廓类零件加工的常用加工指令

1. 快速定位指令G00

指令格式：G00　G90（G91）　X＿　Y＿　Z＿

指令说明：

1）X、Y、Z为快速定位终点，它只是快速定位，不可进行切削加工，一般作空运行。在G90时为终点在工件坐标系中的坐标；在G91时为终点相对于起点的位移量。

2）G00指令刀具相对于工件从当前位置以各轴预先设定的快移进给速度移动到程序段所指定的下一个定位点，因而该指令不需指定速度，不同的数控系统需查阅相关手册（如数控机床的用户手册或使用说明书）。

3）G00指令中的快进速度由机床参数对各轴分别设定。由于各轴以各自速度移动，不能保证各轴同时到达终点，因而联动的合成轨迹并不总是直线，因此编程时应当了解当前数控系统的G00指令各坐标轴运动的规律和刀具运动轨迹，以免刀具与工件或夹具碰撞。

4）快移速率可由机床操作面板上的快速修调旋钮修正。

5）G00一般用于加工前快速定位或加工后快速退刀。

6）G00为模态功能，可由G01、G02、G03或G33功能注销。

2. 直线进给指令 G01

指令格式：G01 G90（G91） X__ Y__ Z__

指令说明：

1）X、Y、Z 为终点，在 G90 时为终点在工件坐标系中的坐标；在 G91 时为终点相对于起点的位移量。

2）G01 指令刀具从当前位置以联动的方式，控制刀具从当前位置以两坐标或三坐标联运方式按指定 F 进给速度作任意斜率合成的直线轨迹移动到程序段所指定的位置。

3）实际进给速度等于指令速度 F 与进给速度修调倍率的乘积。

4）G01 和 F 都是模态代码，如果后续的程序段不改变加工的线型和进给速度，可以不再书写这些代码。

5）G01 可由 G00、G02、G03 或 G33 功能注销。

3. 圆弧进给指令 G02/G03

指令格式：

G17 G90（G91） G02（G03） X__ Y__ R__ F__
G18 G90（G91） G02（G03） X__ Z__ R__ F__
G19 G90（G91） G02（G03） Y__ Z__ R__ F__
G17 G90（G91） G02（G03） X__ Y__ I__ J__ F__
G18 G90（G91） G02（G03） X__ Z__ I__ K__ F__
G19 G90（G91） G02（G03） Y__ Z__ J__ K__ F__

用 G17 代码进行 XY 平面的指定，默认值为 G17（XY），可省略不写，但当在 ZX（G18）和 YZ（G19）平面上编程时，平面指定代码不能省略。G02 为顺时针方向圆弧插补，G03 为逆时针方向圆弧插补。顺时针或逆时针是从垂直于圆弧加工平面的第三轴的正方向看到的回转方向，如图 2-2 所示。

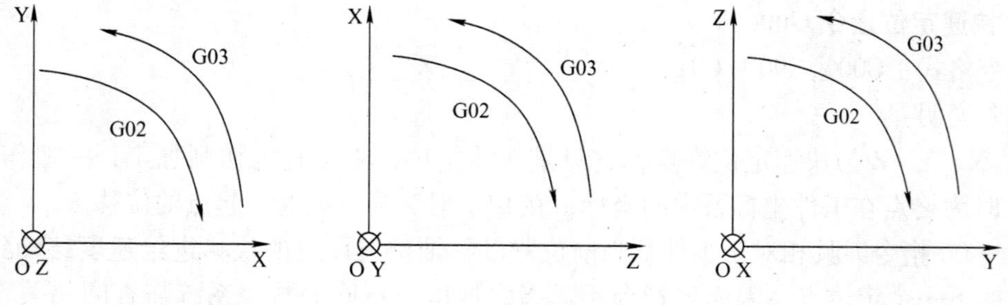

图 2-2 G02/G03 的判断

指令说明：

1）I、J、K 分别表示 X、Y、Z 轴圆心的坐标减去圆弧起点的坐标（圆弧起点在坐标轴上的投影），如图 2-3 所示。某项为零时可以省略。

2）当圆弧圆心角小于 180°时，R 为正值；当圆弧圆心角大于 180°时，R 为负值。

3）整圆编程时不可以使用 R，只能用 I、J、K，如图 2-3 所示。

4）F 为编程的两个轴的合成进给速度。

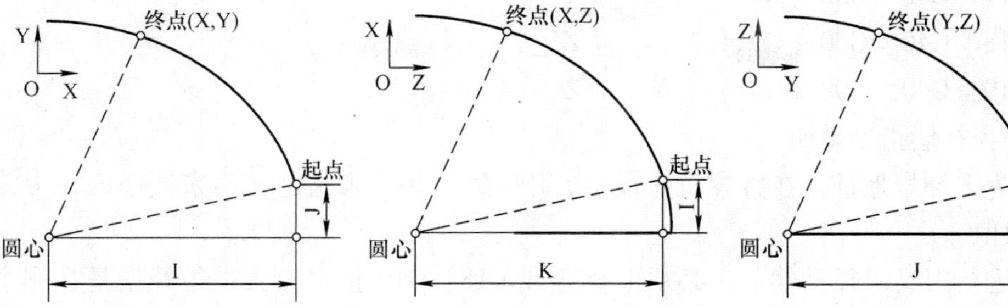

图 2-3 I、J、K 的坐标值

三、刀具半径补偿

在进行二维轮廓铣削编程时，由于铣刀的刀位点在刀具中心，和切削刃不一致，为了确保铣削加工出的轮廓符合要求，编程时就必须在图样要求轮廓的基础上，整个周边向外或向内预先偏离一个刀具半径值，作出一个刀具刀位点的行走轨迹，求出新的节点坐标，然后按这个新的轨迹进行编程，这是人工干预刀具补偿编程。对有刀具半径补偿功能的数控系统，可不必求刀具中心的运动轨迹，直接按零件轮廓轨迹编程，同时在程序中给出刀具半径的补偿指令，这是机床自动刀具补偿编程。

左补偿（G41）：沿刀具前进方向看，刀具在加工轮廓的左侧；右补偿（G42）：沿刀具前进方向看，刀具在加工轮廓的右侧，如图 2-4 所示。

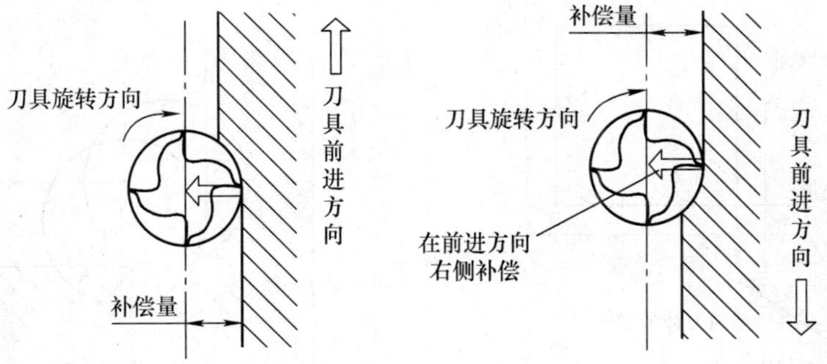

图 2-4 刀具半径补偿方向

刀具半径补偿的过程分为以下三步：刀补的建立：在刀具从起点接近工件时，刀心轨迹从与编程轨迹重合过渡到与编程轨迹偏离一个偏置量的过程；刀补进行：刀具中心始终与编程轨迹相距一个偏置量直到刀补取消；刀补取消：刀具离开工件，刀心轨迹要过渡到与编程轨迹重合的过程。图 2-5 所示为刀具半径补偿的过程图。

建立补偿指令的格式：

G17 G41（G42） G00（G01） X__ Y__ D__

G18 G41（G42） G00（G01） X__ Z__ D__

G19 G41（G42） G00（G01） Y__ Z__ D__

取消补偿指令的格式：

G17　G40　G00（G01）　X__　Y__

G18　G40　G00（G01）　X__　Z__

G19　G40　G00（G01）　Y__　Z__

刀具半径补偿指令说明：

1）D 为刀补号地址，在数控机床设定，用 D00 ~ D99 来指定，用来调用内存中刀具半径补偿的数值。

2）在进行刀具半径补偿前，必须用 G17 或 G18、G19 指定刀具半径补偿是在哪个平面上进行的。在多轴联动控制中，投射到补偿平面上的刀具轨迹受到补偿。平面选择的切换必须在补偿取消的方式下进行，否则将报警。

3）刀补的引入和取消要求必须在 G00 或 G01 程序段，不应在 G02/G03 程序段上进行。

4）当刀补数据为负值时，则 G41、G42 功效互换。

5）G41、G42 指令不要重复规定，否则会产生一种特殊的补偿。

6）G40、G41、G42 都是模态代码，可相互注销。

7）建立补偿的程序段，必须是在补偿平面内不为零的直线移动。

8）建立补偿的程序段，一般应在切入工件之前完成；撤销补偿的程序段，一般应在切出工件之后完成。

9）加工内轮廓最小圆弧半径应大于刀具半径补偿值，否则会出错或过切，刀具半径大于所加工工件内轮廓转角时产生的过切如图 2-6 所示。

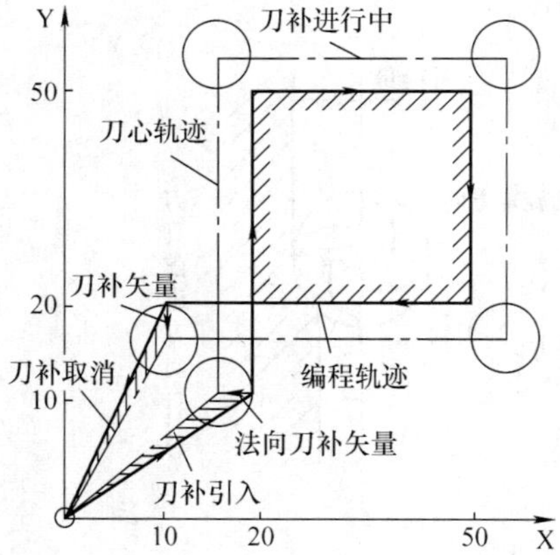

图 2-5　刀具半径补偿的过程图

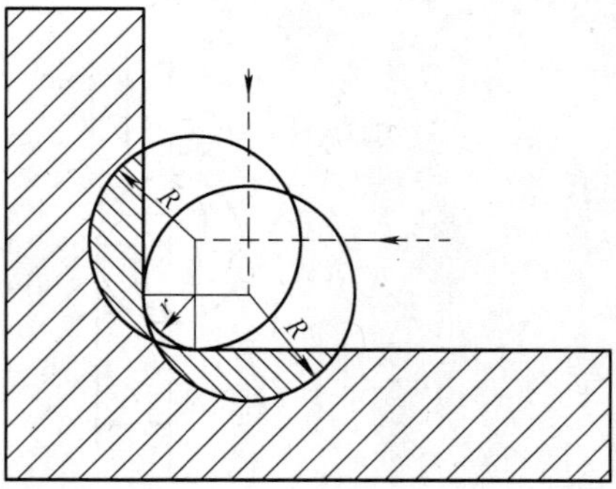

图 2-6　加工内轮廓转角

四、子程序的概念与运用

加工某些零件中，常常会出现几何形状完全相同的加工轨迹。在程序编制时，将几何形状完全相同的加工轨迹的程序段作为子程序存放，可使程序简单化。主程序执行过程中如果需要某一个子程序，可以通过子程序调用指令来调用该子程序，执行完后返回到主程序，继续执行后面的程序段。子程序的格式与主程序相同，在子程序开头编制子程序号，在子程序的结尾用 M99 指令。根据实际需要，子程序也可以调用子程序，这叫子程序的嵌套。

1. 子程序的格式

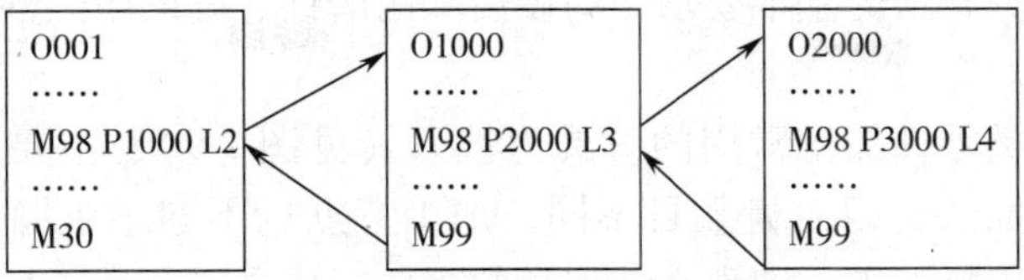

O__（P__%__）

……

M99；

2. 子程序的调用格式

M98　P__　L__

这是最常使用的子程序调用格式之一，多见于华中数控系统和法那科数控系统。P 后面的 4 位为子程序号；L 后面的 4 位为重复调用次数，省略时为调用一次。

五、方料单面轮廓类零件加工工艺的制订

1. 零件分析

数控铣床加工是依据加工程序来控制的，图样上的每一个几何尺寸要素必须完整，才能顺利进行程序的编制和加工。零件在满足使用要求的前提下制造的可行性和经济性以及良好的结构工艺性，可以使零件加工容易、节省工时和材料；而较差的零件结构工艺性会使加工困难、浪费工时和材料，有时甚至无法加工。因此，零件各加工部位的结构工艺性应符合数控加工的特点。

2. 装夹方案

在开始加工工件之前，首先必须使工件在机床上或夹具中占有某一正确的位置，这个过程称为定位。为了使定位好的工件不至于在切削力的作用下发生位移，使其在加工过程中始终保持正确的位置，还需将工件压紧夹牢，这个过程称为夹紧。定位和夹紧的整个过程合起来称为装夹。工件的装夹不仅影响加工质量，而且对生产率、加工成本及操作安全都有直接影响。

机用虎钳具有较大的通用性和经济性，适用于尺寸较小的方形工件的装夹。常用的精密机用虎钳常采用机械螺旋式（见图 2-7）、气动式或液压式夹紧方式（见图 2-8）。采用机用虎钳装夹工件时，首先要根据工件的切削高度在机用虎钳内垫上合适的高精度平行垫铁，以保证工件在切削过程中不会因受力产生移动；其次，要对机用虎钳钳口进行找正，以保证机用虎钳的钳口方向与刀具主轴的进给方向平行或垂直。

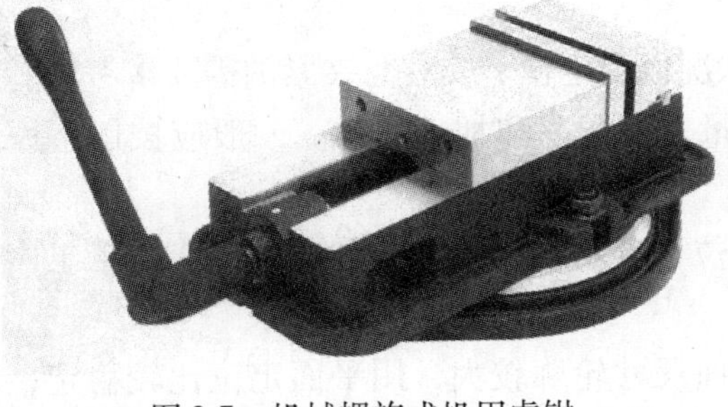

图 2-7　机械螺旋式机用虎钳

图 2-8　液压式机用虎钳

3. 刀具的选择

数控铣刀切削部分材料的基本要求是高硬度和耐磨性、好的耐热性、高的强度、好的韧性、工艺性和经济性。

简单内、外轮廓类零件加工常用的刀具为铣刀（见图2-9），主要用于加工沟槽、台阶面、平面和二维轮廓面。铣刀刀齿数目不同，加工特点也不同。粗齿立铣刀刀齿少，强度高，容屑空间大，适于粗加工；细齿立铣刀齿数多，工作平稳，适于精加工；中齿立铣刀的用途介于粗齿刀和细齿刀之间。

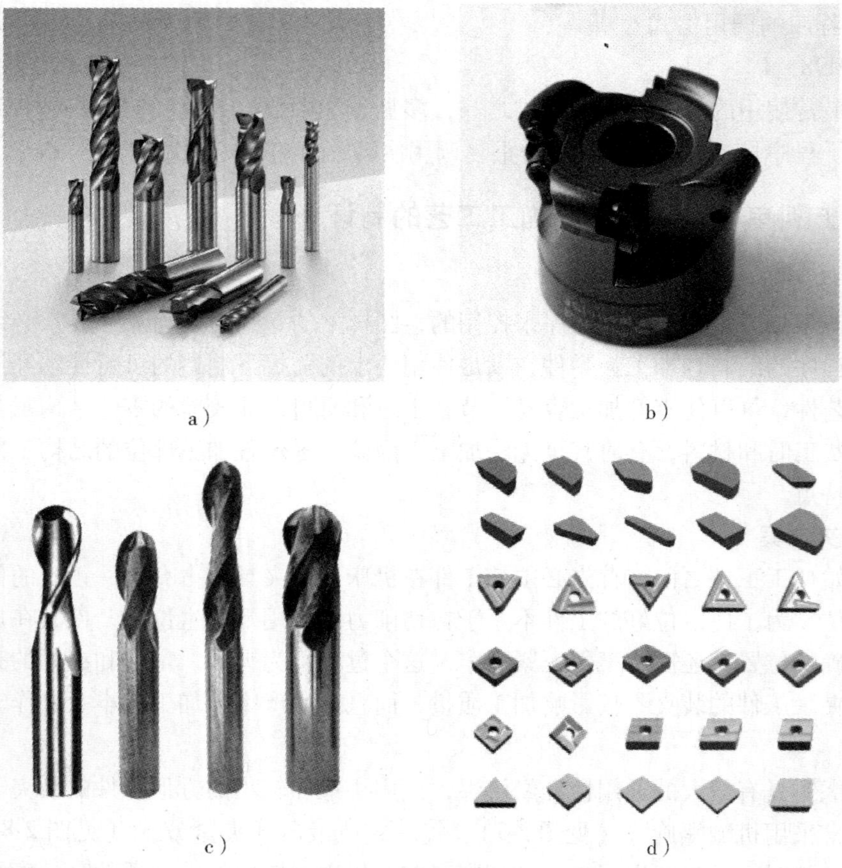

图2-9　常用各类铣刀

a）立铣刀　b）面铣刀　c）球头铣刀　d）硬质合金刀片

4. 加工顺序

加工顺序的安排应根据零件的结构和毛坯状况以及定位、安装与夹紧的需要来考虑。加工顺序的科学与否将直接影响到零件的加工质量、生产率和加工成本。一般应按以下原则进行：

1）上道工序的加工不能影响下道工序的定位与夹紧，中间穿插有通用机床加工工序的也应综合考虑。

2）先面后孔。对于箱体、支架等零件，平面尺寸轮廓较大，用平面定位比较稳定，而且孔是以平面为基准的，故应先加工平面、然后加工孔。

3）先进行内腔加工，后进行外形加工。

4）先主后次，即先加工主要表面，然后加工次要表面。

5）以相同定位、夹紧方式加工或用同一把刀具加工的工序，最好连续加工，以减少重复定位次数、换刀次数与挪动压板的次数。

6）基准面先行原则。用作精基准的表面应先加工。

7）在同一次安装中进行的多道工序，应先安排对工件刚性破坏较小的工序。

任务实施

一、目的及要求

1）了解数控铣床加工程序的结构组成。

2）掌握数控铣床常用的编程与加工指令。

3）掌握数控铣床调用子程序的方法和编程思路。

4）学会运用数控铣床的刀具补偿功能。

5）学会数控铣床简单轮廓类零件加工工艺的制订方法。

6）学会数控铣床简单轮廓类零件的编程与加工技能。

二、设备及器材

本任务所有的设备及器材见表2-4。

表2-4　设备及器材

项　目	名　称	规　格	数　量
设备	数控铣床	华中或FANUC系统	8～10台
夹具	机用虎钳	20cm	8～10台
刀具	立铣刀	ϕ20 mm、ϕ8mm	各8～10把
量具	游标卡尺	200mm/0.02	8～10把
	深度尺	200mm/0.02	8～10把
其他	毛刷、扳手、平行板等	配套	一批

三、内容与步骤

分析零件图，制订二维轮廓类零件的数控加工工艺。

1. 零件图工艺分析

从本任务图样图2-1零件名字的关键字“轮廓类”可以看出，该图的结构并不复杂，主要由直线段和圆弧两种几何要素组成，尺寸要求对于数控铣床加工精度而言也不高，零件结构合理，这有利于提高加工的效率和进行成本的控制。

2. 确定装夹方案

由于该零件毛坯结构为长方体，而且是单面加工，其反面是一个很好的装夹位，选用机用虎钳一次装夹就可达到要求，几何特征有凸台和槽结构，高度和深度都为3mm。程序指令方面也比较简单，主要有直线插补指令、圆弧插补指令和子程序调用指令。

3. 加工顺序与刀具选择

加工顺序可由外到内加工：铣平面→铣六边形外轮廓→铣外圆轮廓→铣内圆轮廓→铣菱形岛屿。

根据图样尺寸，加工时所用刀具选用 ϕ20mm 和 ϕ08mm 立铣刀，又因为是铝料工件，故选用高速钢刀具即可，具体见表 2-5。

表 2-5 银行标志零件的加工顺序和刀具的选择

程 序 号	刀具直径/mm	类 型	材 料	加工内容
O1	ϕ20	立铣刀	高速钢	加工平面，深度 1mm
O2	ϕ20	立铣刀	高速钢	粗、精加工六边形外轮廓，深度 9mm
O3	ϕ20	立铣刀	高速钢	粗、精加工圆外轮廓，深度 6mm
O4	ϕ8	立铣刀	高速钢	粗、精加工圆内轮廓和缺口，深度 3mm
O5	ϕ8	立铣刀	高速钢	粗、精加工菱形岛屿，深度 3mm

4. 工艺参数

1）ϕ20mm 立铣刀粗铣的进给速度 v_f = 800mm/min，切削深度 a_p = 2mm，转速 n = 1000r/min。

2）ϕ8mm 立铣刀粗铣的进给速度 v_f = 700mm/min，切削深度 a_p = 1mm，转速 n = 2200r/min。

3）ϕ20mm 立铣刀精铣的进给速度 v_f = 400mm/min，转速 n = 1200r/min。

4）ϕ8mm 立铣刀精铣的进给速度 v_f = 400mm/min，转速 n = 2500r/min。

5. 切削液的选择

铝是有色金属，硬度不高，切削力和切削温度都不高，可选用水融乳化液作为切削液。

6. 编写零件加工程序

根据数控加工工艺的设计，编写零件二维轮廓的加工程序。

第 1 步：平面加工。铣平面编程示意图如图 2-10 所示，零件示意图如图 2-11 所示，其加工程序见表 2-6。

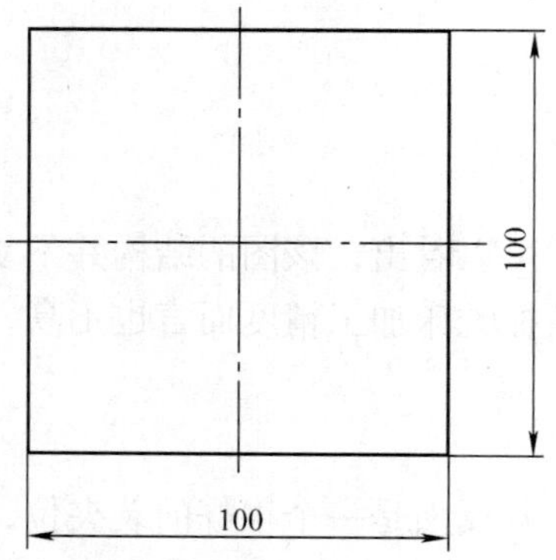

图 2-10 铣平面编程示意图

图 2-11 铣平面零件示意图

表 2-6　铣平面的加工程序

O1	程序名
%1（主程序）	程序号
G54　G90　G21　G0　Z100	建立工件坐标系
M3　S2000	主轴正转，转速为 2000r/min
M8	打开切削液
G0　X－70　Y－70	Z 轴快速移动到（－70，－70）
G1　Z－1　F400	以 400mm/min 速度移动到离工件表面以下 1mm 处
M98　P2000　L5	调用程序号为"2000"的子程序 5 次
G90　G0　Z100	Z 轴快速提高到 100mm
M5　M9	主轴停转，切削液关闭
M30	程序结束并返回程序起始处
%2000（子程序）	程序号
G91　G1　X140　F500	以 500mm/min 速度插补到相对当前点 X 正方向 140mm 处
Y15	插补到相对当前点 Y 正方向 15mm 处
X－140	插补到相对当前点 X 负方向 140mm 处
Y15	插补到相对当前点 Y 正方向 15mm 处
M99	返回主程序

第 2 步：六边形外轮廓的粗、精加工。图 2-12 所示为加工六面编程示意图，图 2-13 所示为六边形零件示意图，其加工程序见表 2-7。

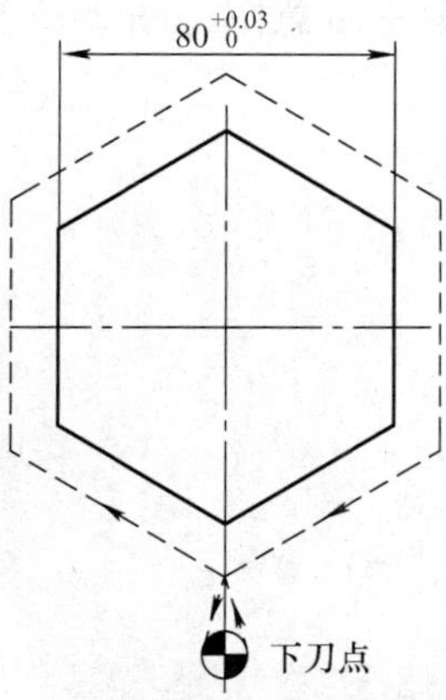

图 2-12　加工六面编程示意图

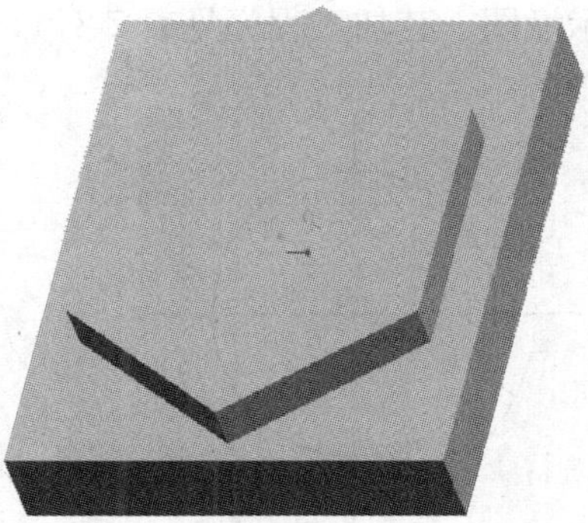

图 2-13　六边形零件示意图

表 2-7 六边形六面的加工程序

O2	程序名
%2（主程序）	程序号
G54 G90 G21 G0 Z100	建立工件坐标系
M3 S2000（精 S2500）	主轴正转，转速为 2000r/min，括号内是精加工转速
M8	打开切削液
G0 X0 Y-65	Z 轴快速移动到（0，-60）
G1 Z0 F400	以 400mm/min 速度移动到工件表面
M98 P2000 L9（精 L1）	调用程序号为“2000”的子程序 9 次，括号内是精加工调用子程序的次数
G90 G0 Z100	Z 轴快速提高到 100mm
M5 M9	主轴停转，切削液关闭
M30	程序结束并返回程序起始处
%2000（子程序）	程序号
G91 G1 Z-1 F500（粗 Z-1；精 Z-9）	相对坐标 Z 轴以 500mm/min 向下移动 1mm
G90 G41 G1 Y-46.18 D01 F1200（粗 D=10.2，F1200；精 D=10，F400）	以 1200mm/min 进刀，建立刀具补偿，粗加工时 D01 的补偿值为 10.2mm，精加工为 10mm
G1 X40 Y-23.09	直线插补到（40，-23.09）
Y 23.09	直线插补到（40，23.09）
X0 Y46.18	直线插补到（0，46.18）
X-40 Y23.09	直线插补到（-40，23.09）
Y-23.09	直线插补到（-40，-23.09）
X0 Y-46.18	直线插补到（0，-46.18）
G1 G40 Y-65	注销刀补，移动到（X0，Y-65）
M99	返回主程序

第 3 步：外圆的粗、精加工。图 2-14 所示为加工外圆编程示意图，图 2-15 所示为外圆柱零件示意图，其加工程序见表 2-8。

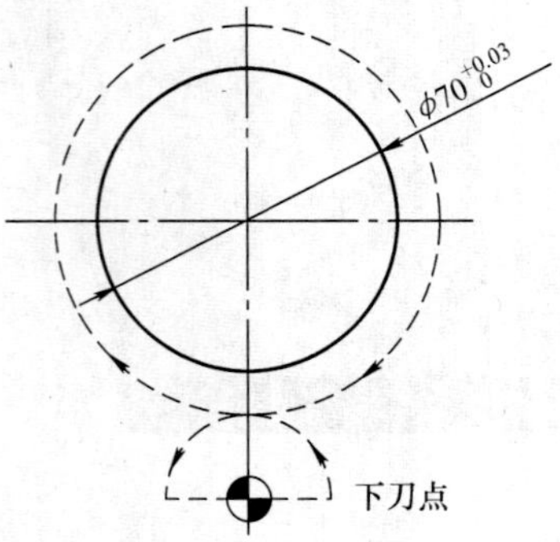

图 2-14 加工外圆编程示意图

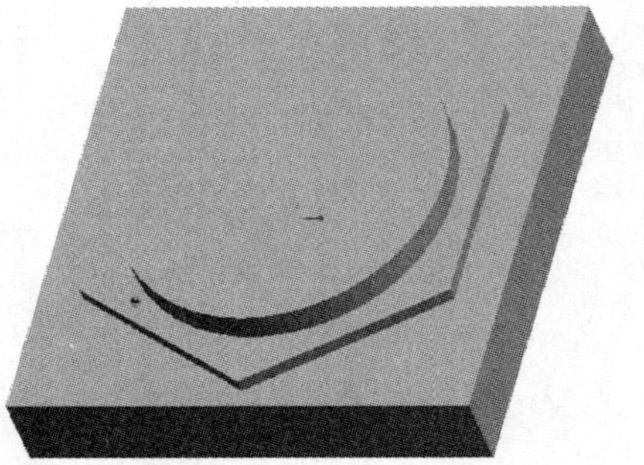

图 2-15 外圆柱零件示意图

表 2-8　加工外圆的加工程序

O3	程序名
%3（主程序）	%2000（子程序）
G54　G90　G21　G0　Z100	G91　G1　Z－1　F500（粗 Z－1；精 Z－6）
M3　S2200（粗 S2200；精 S2500）	G90　G41　G1　X－20　D01　F800 （粗 D＝10.2，F1000；精 D＝10，F400）
M8	G2　X0　Y－35　R20
G0　X0　Y－55	G3　J－35
G1　Z0　F400	G3　X20　Y－55　R20
M98　P2000　L6（粗 L6；精 L1）	G40　G1　X0
G90　G0　Z100	M99
M5　M9	
M30	

第 4 步：内圆和缺口的粗、精加工。图 2-16 所示为铣内轮廓编程示意图，图 2-17 所示为内轮廓零件示意图，其加工程序见表 2-9。

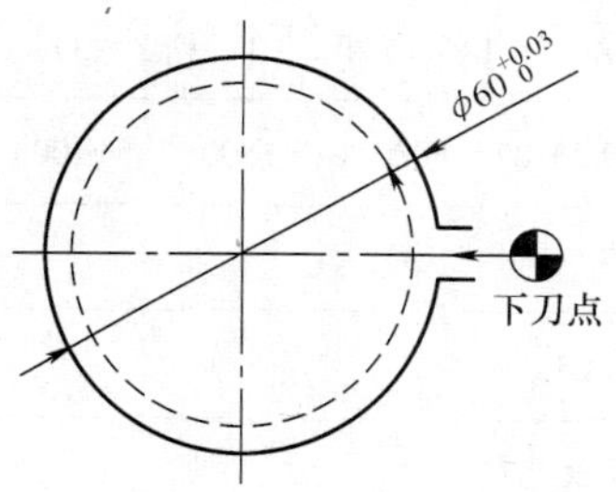

图 2-16　铣内轮廓编程示意图

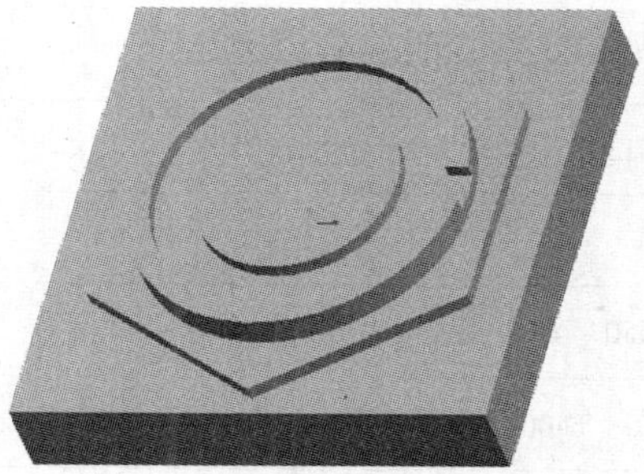

图 2-17　内轮廓零件示意图

表 2-9　内轮廓加工程序

O4	程序名
%4（主程序）	%2000（子程序）
G54　G90　G21　G0　Z100	G91　G1　Z－1　F500（粗 Z－1；精 Z－6）
M3　S2200（粗 S2200；精 S2500）	G90　G41　G1　X40　D01　F800 （粗 D＝10.2，F1000；精 D＝10，F400）
M8	G1　X－30
G0　X50　Y0	G2　X0　Y－30　R15
G1　Z0　F400	G3　I－30
M98　P2000　L6（粗 L6；精 L1）	G1　X40　Y0
G90　G0　Z100	G40　G1　X50
M5　M9	M99
M30	

第5步：菱形岛屿的粗、精铣加工。图2-18所示为菱形岛屿编程示意图，图2-19所示为菱形岛屿零件示意图，其加工程序见表2-10。

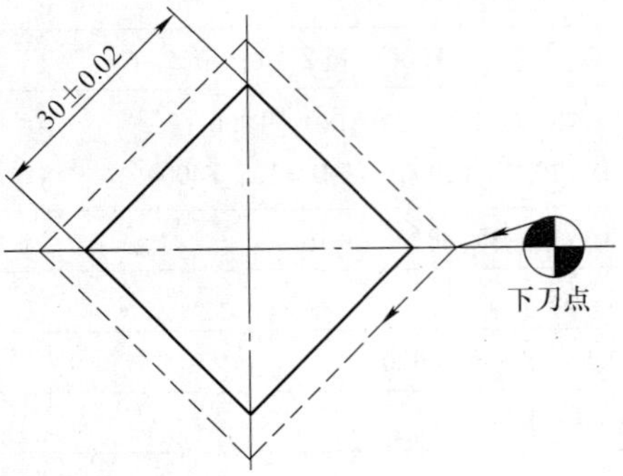

图2-18 菱形岛屿编程示意图

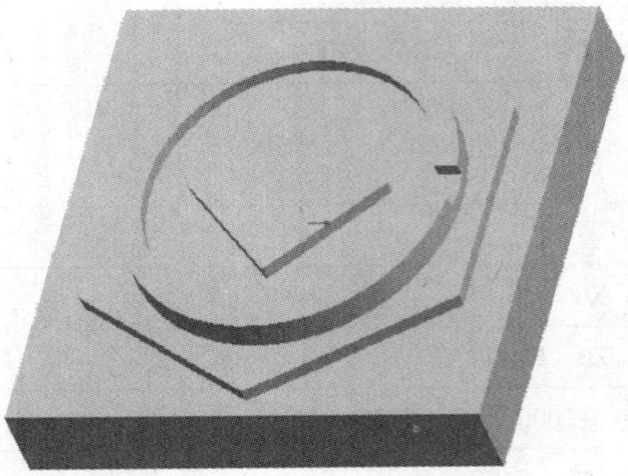

图2-19 菱形岛屿零件示意图

表2-10 菱形岛屿加工程序

O5	程序名
%5（主程序）	%2000（子程序）
G54 G90 G21 G0 Z100	G91 G1 Z-1 F500（粗Z-1；精Z-3）
M3 S2200（粗S2200；精S2500）	G90 G1 X26.87 F800（粗F800；精F400）
M8	X0 Y26.87
G0 X50 Y0	X-26.87 Y0
G1 Z0 F400	X-07 Y-26.87
M98 P2000 L3（粗L3；精L1）	X26.87 Y0
G90 G0 Z100	X50
M5 M9	M99
M30	

工件成品如图2-20所示。

四、操作数控铣床加工零件

通过前面的学习，我们已经基本掌握了华中数控系统和FANUC数控系统的加工操作技能，在此不再赘述。下面以ϕ20mm立铣刀为例，给大家介绍加工操作中刀具半径和长度补偿值设置的操作技巧。

1. 华中数控系统刀具补偿设置的操作

第1步：在主菜单下按F4键进行刀具补偿设置，显示屏将出现刀具补偿数据，如图2-21所示。

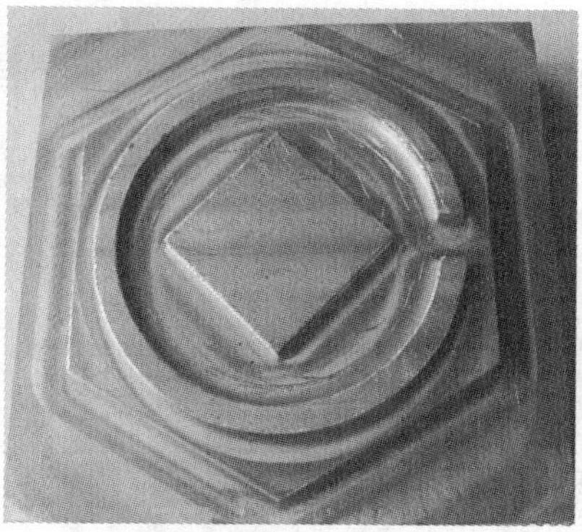

图 2-20 工件成品

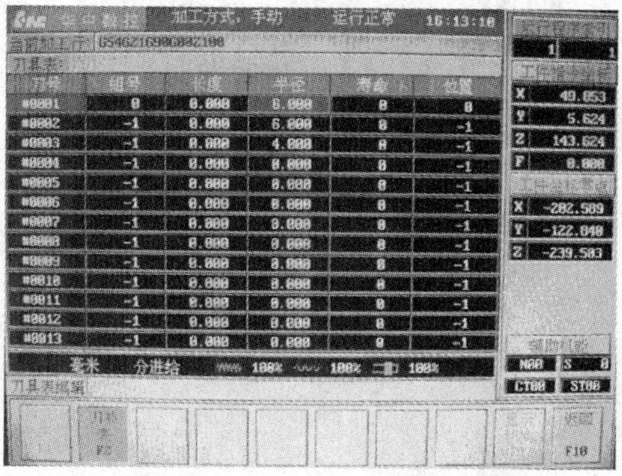

图 2-21 华中数控系统刀具补偿数据的输入和修改

第 2 步：用▲、▼、►、◄、PgUp、PgDn键移动蓝色亮条，选择要编辑的选项。

第 3 步：按Enter键，蓝色亮条所指刀具数据的颜色和背景都发生变化，同时有一光标在闪烁。

第 4 步：用BS或Del键进行编辑修改，或直接输入补偿值。

第 5 步：修改完毕按Enter键确认，如图 2-22 所示。

第 6 步：若输入操作正确，图形显示窗口相应位置显示修改过的值，否则保持原值不变。

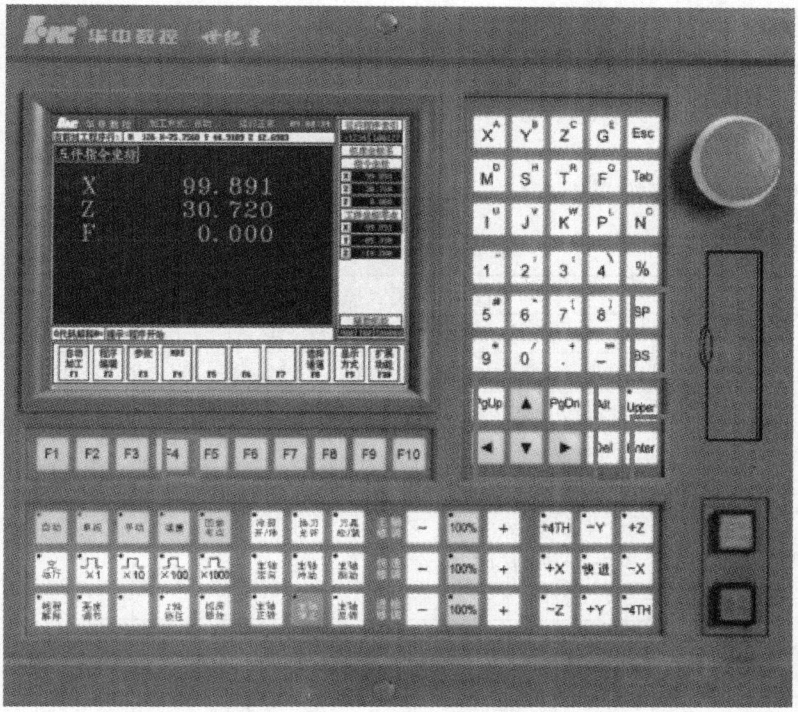

图 2-22 华中数控系统刀具补偿数据的操作步骤

2. FANUC 数控系统刀具补偿设置的操作

1）按OFFSET键，显示刀具偏置页面，如果显示的不是刀具偏置页面，可以再按软件键补偿，如图 2-23 所示。

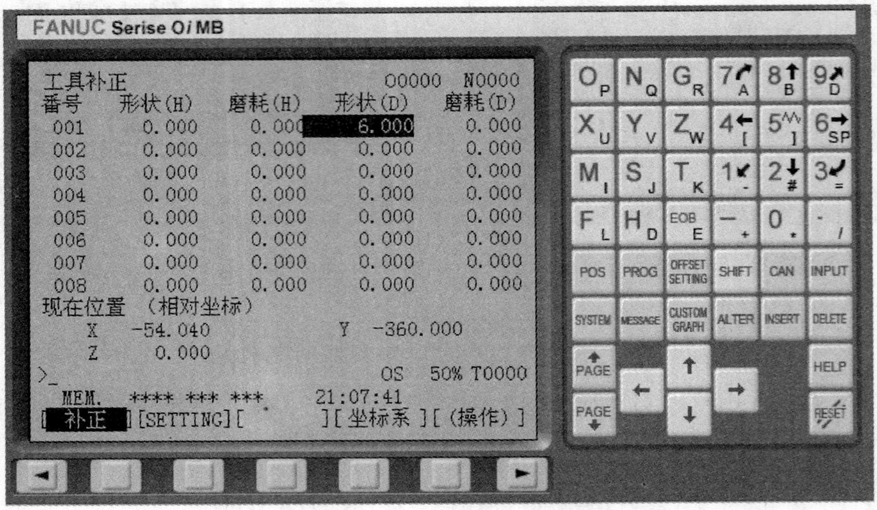

图 2-23　FANUC 数控系统刀具补偿数据的输入和修改

2）先按翻页键PAGE↑或PAGE↓，再按上、下光标键↑、↓，将光标移动到需要修改或需要输入的刀具偏置号前面。

3）键入刀具偏置值。

4）按 INPUT 键，输入偏置值成功。

考核评价

此任务的考核评价标准见表 2-11。

表 2-11　考核评价标准

项　目	序号	考核内容及要求	学生自评	学生互评	教师评价
看图安排工艺	1	合理分析零件图的加工合理性和经济性			
	2	合理确定装夹方案和加工顺序			
	3	正确选用刀具和工艺参数			
手动编写程序	4	正确编写轮廓加工程序			
	5	正确运用子程序和刀具补偿编程			
	6	合理的加工路线与走刀方式			
机床操作加工	7	正确操作机床加工零件			
	8	解决零件加工所出现的问题			
零件质量检测	9	正确检测零件的方法和手段			
	10	检测加工零件的精度			
综合评价	11	考核评价标准：优、良、中、合格、不合格，纪律评价（20%）；考核评价（80%）			
签名	学生自评签名（　　　）学生互评签名（　　　）教师评价签名（　　　）				

学习反思

学习后反思自己的表现，并将学习中的收获填入表 2-12。

表 2-12　学习收获

类　型	内　容
掌握知识	
掌握技能	
收获体会	
需解决问题	
学生签名	

拓展内容

一、零件分析

数控铣削加工零件图工艺性分析是数控加工工艺的重要内容之一，针对数控铣削加工的特点，下面列举出一些经常遇到的工艺性问题，作为对零件图进行工艺性分析的要点来加以分析与考虑。首先应熟悉零件在产品中的作用、位置、装配关系和工作条件，搞清楚各项技术要求对零件装配质量和使用性能的影响，找出关键的技术要求，然后对零件图样进行分析。

1. 零件图的完整性与正确性分析

构成零件轮廓的几何元素（点、线、面）条件（如相切、相交、垂直和平行）是数控编程的重要依据。手工编程时要计算构成零件轮廓的每一个节点的坐标，自动编程时要对构成零件轮廓的所有几何元素进行定义。如果某一条件不充分，则无法计算零件轮廓的节点坐标和表达零件轮廓的几何元素，导致无法进行编程，因此，图样应当完整地表达构成零件轮廓的几何元素。

2. 尺寸标注方法分析

零件图上的尺寸标注方法应适应数控加工的特点。如图 2-24 所示，在数控加工零件图

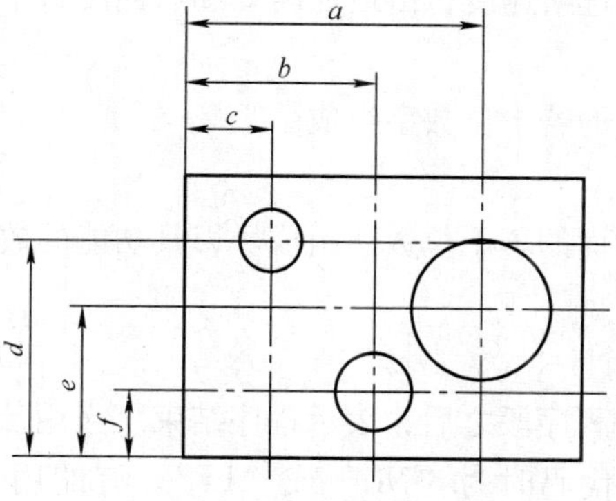

图 2-24　尺寸标注方法

上，应以同一基准标注尺寸或直接给出坐标尺寸。这种标注方法既便于编程又有利于设计基准、工艺基准、测量基准和编程原点的统一。

3. 零件技术要求分析

零件的技术要求是指零件所要求的尺寸精度、形状精度、位置精度、表面粗糙度及热处理等是否都可以得到保证。不要以为数控机床加工精度高而放弃这种分析，特别要注意过薄的腹板与缘板的厚度公差。“铣工怕铣薄”，数控铣削也是一样的，因为加工时产生的切削拉力及薄板的弹性退让极易产生切削面的振动，使薄板厚度尺寸公差难以保证，其表面粗糙度值也将提高。根据实践经验，当面积较大的薄板厚度小于3mm时，就应充分重视这一问题。这些要求在保证零件使用性能的前提下，应经济合理。过高的精度和表面质量要求会使工艺过程复杂、加工困难、成本提高。

4. 零件材料分析

在满足零件功能的前提下，应选用廉价、可加工性好的材料。而且，材料选择应立足国内，不要轻易选用贵重或紧缺的材料，还要分析零件的形状及原材料的热处理状态，会不会在加工过程中变形，哪些部位最容易变形。因为数控铣削最忌讳工件在加工时变形，这种变形不但无法保证加工的质量，而且经常使加工不能继续进行下去。这时就应考虑采取一些必要的工艺措施进行预防，如对钢件进行调质处理，对铸铝件进行退火处理，对不能用热处理方法解决的，也可考虑粗、精加工及对称去余量等常规方法。此外，还要分析加工后的变形问题以及采取什么工艺措施来解决变形问题。

二、常用功能指令

1. 准备功能G指令

准备功能G指令有模态和非模态两种指令。它主要用来指令机床或数控系统的工作方式，用地址字G和后面的几位整数来表示。

2. 辅助功能指令——M

辅助功能也叫M功能或M代码，它是控制机床或系统的开关功能的一种命令，由地址码M和后面的两位数字组成，从M00～M99共100种。各种机床的M代码规定有差异，必须根据说明书的规定进行编程。

3. 进给速度指令——F

表示刀具中心运动时的进给速度，由地址码F和后面的若干数字构成。

4. 主轴转速指令——S

由地址码S和在其后面的若干位数字组成。

5. 刀具指令——T

由地址功能码T和其后面的若干位数字组成。刀具功能的数字是指定的刀号，数字的位数由所用的系统决定。

6. 程序段结束符

程序段结束符写在每一程序段之后，表示程序结束。当用“EIA”标准代码时，结束符为“CR”；用“ISO”标准代码时为“NL”或“LF”；有的用符号“:”或“*”表示结束；有的直接回车即可。

三、准备功能 G 代码和辅助功能 M 代码的编程指令

常用的准备功能 G 代码的编程指令见表 2-13。

表 2-13　准备功能 G 代码指令

代码	组	意　义	代码	组	意　义	代码	组	意　义
* G00		快速点定位	G28	00	回参考点	G52	00	局部坐标系设定
G01		直线插补	G29		参考点返回	G53		机床坐标系编程
G02	01	顺圆插补	* G40		刀径补偿取消	* G54 ~ G59	11	工件坐标系 1 ~ 6 选择
G03		逆圆插补	G41	09	刀径左补偿			
G33		螺纹切削	G42		刀径右补偿	G92		工件坐标系设定
G04	00	暂停延时	G43		刀长正补偿	G65	00	宏指令调用
G07	00	虚轴指定	G44	10	刀长负补偿	G73 ~ G89	06	钻、镗循环
* G11	07	单段允许	* G49		刀长补偿取消			
G12		单段禁止	* G50	04	缩放关	* G90	13	绝对坐标编程
* G17		XY 加工平面	G51		缩放开	G91		增量坐标编程
G18	02	ZX 加工平面	G24	03	镜像开	* G94	14	每分钟进给方式
G19		YZ 加工平面	* G25		镜像关	G95		每转进给方式
G20	08	英制单位	G68	05	旋转变换	G98	15	回初始平面
* G21		米制单位	* G69		旋转取消	* G99		回参考平面

注：一组内的代码会被同组的代码注销或代替。

常用的辅助功能 M 代码的编程指令见表 2-14。

表 2-14　辅助功能 M 代码指令

M 功能字	含　义	格　式
M00	程序暂停实际上是一个暂停指令。当执行有 M00 指令的程序段后，主轴的转动、进给、切削液都将停止	M00
M01	与 M00 的功能基本相似，只有在按下“选择停止”后，M01 才有效，否则机床继续执行后面的程序段；按“启动”键，继续执行后面的程序	M01
M02	该指令编在程序的最后一条，表示执行完程序内所有指令后，主轴停止、进给停止、切削液关闭，机床处于复位状态	M02
M03	用于主轴顺时针方向转动	M3　S_（常用）
M04	用于主轴逆时针方向转动	M4　S_
M05	主轴旋转停止	M5（常用）
M07	2 号切削液开	M7
M08	1 号切削液开	M8（常用）
M09	切削液关	M09（常用）
M30	使用 M30 时，除表示执行 M02 的内容之外，还返回到程序的第一条语句，准备下一个工件的加工	M30（常用）
M98	调用子程序	M98　Pxxxx　Lxx
M99	返回子程序	M99

思考与练习

一、选择题

1. 在使用 G41 或 G42 指令的程序段中只能用________指令。

A. G00 或 G01　　B. G02 或 G03　　C. G01 或 G03　　D. G01 或 G02

2. 使刀具轨迹在工件左侧沿编程轨迹移动的 G 代码为________。

A. G40　　B. G41　　C. G42　　D. G43

3. 切削液开、关指令是________。

A. M32、M33　　B. M06、M07　　C. M08、M09　　D. M10、M11

4. 以下不属于数控程序结构的是________。

A. 程序号　　B. 程序内容　　C. 程序中断　　D. 程序结束

5. 在程序的最前面必须标明________。

A. 程序段号　　B. 程序段字　　C. 程序号　　D. 程序号字

6. 圆弧插补指令（G02、G03）中，可用圆弧半径 R 指定代替 I、K 指定，当 R 为正值时，表示加工的圆弧________。

A. 小于 180°　　B. 大于 180°　　C. 由 X、Z 地址的值确定

二、判断题

(　　) 1. 用 G00　X300　M99 程序段可以结束子程序。

(　　) 2. F 值给定的进给速度在执行过 G00 之后就无效。

(　　) 3. 若机床具有刀具半径自动补偿功能，无论是按假想刀尖轨迹编程还是按刀心轨迹编程，当刀具磨损或重磨时，均不需重新计算编程参数。

(　　) 4. 对数控铣刀切削部分材料的要求是高硬度和耐磨性、好的耐热性、高的强度、良好的韧性和经济性。

(　　) 5. 刀具半径补偿功能字 H12 和 D12 表示使用第十二号刀。

三、简答题

1. 在手动编写数控加工程序时，使用子程序编程有什么优势？与主程序有何不同之处？

2. 数控铣床加工程序的结构是怎样的？一条完整的程序段包含哪些功能字？

四、编程题

如图 2-25 所示扳手零件图，备料尺寸为 260mm × 70mm × 30mm，材料是工业硬铝。结合图样要求，完成必要的计算并编制数控铣床加工程序，并根据实际情况进行加工，全部公差为 ±0.03mm。

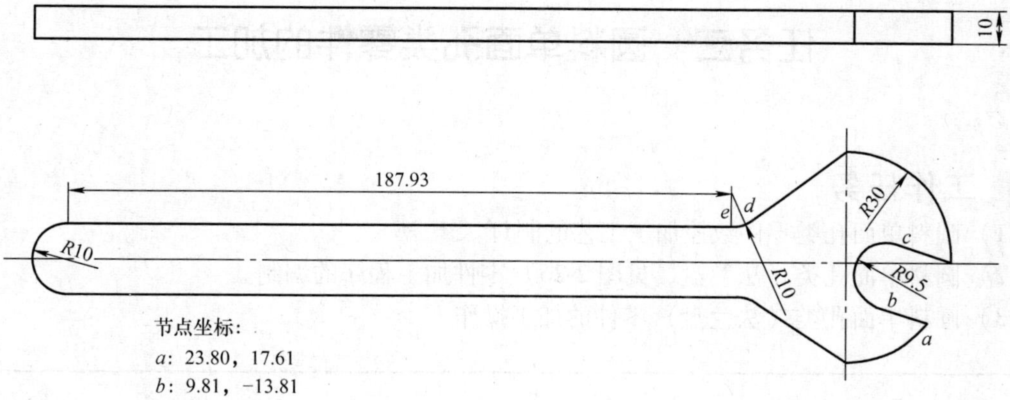

节点坐标：
a：23.80，17.61
b：9.81，−13.81
c：4.98，5.00
d：−26.09，12.61
e：−32.07，12.61

图 2-25　扳手

任务二 圆料单面孔类零件的加工

工作任务

1）圆料单面孔类零件数控加工工艺的制订。

2）圆料单面孔类（法兰盘，见图 2-26）零件加工程序的编制。

3）圆料单面孔类（法兰盘）零件的加工操作。

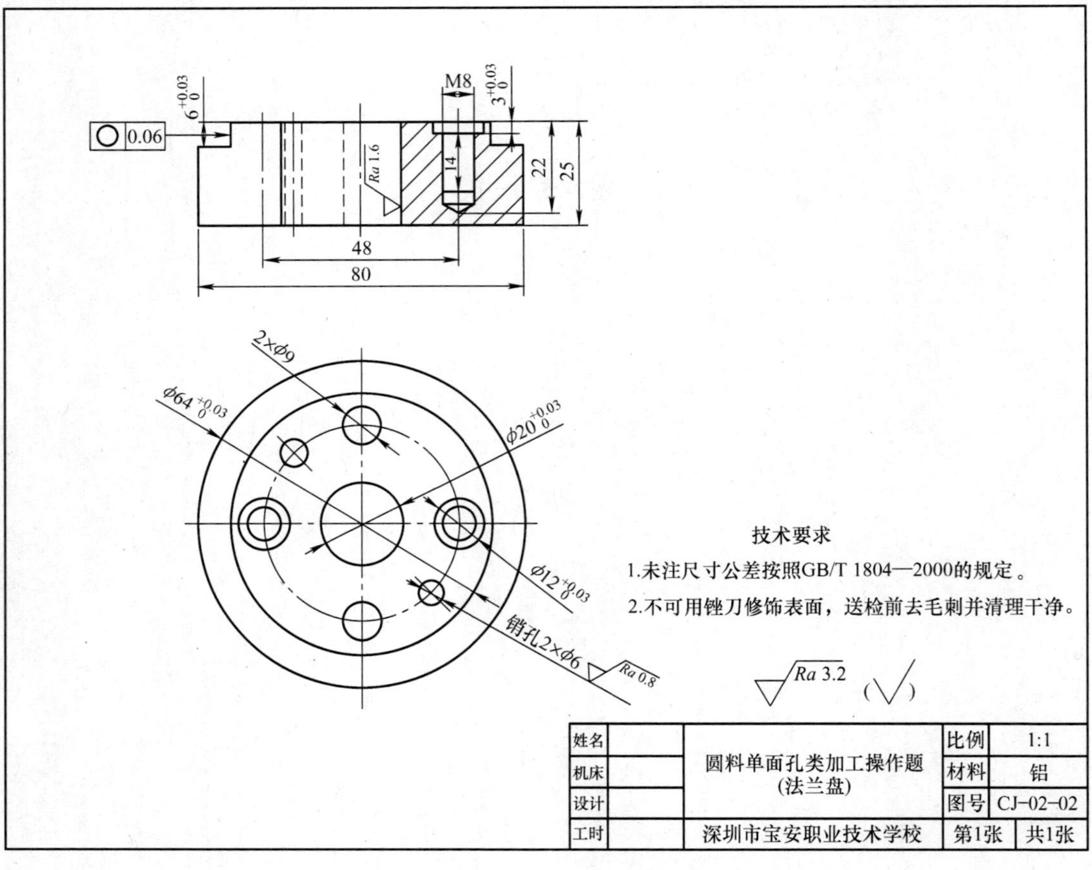

图 2-26 法兰盘零件图

相关知识

一、数控铣床固定循环指令

1. 固定循环指令的含义

数控加工中，某些加工动作循环已经典型化。例如，钻孔、镗孔的动作包括孔位平面定位、快速引进、工作进给、快速退回等，这一系列典型的加工动作已经预先编好程序，存储在内存中，可用包含 G 代码的一个程序段调用，从而简化编程工作。这种包含了典型动作循环的 G 代码称为循环指令。

2. 固定循环动作的组成

1）X 轴、Y 轴快速定位到孔中心位置。

2）Z 轴快速运行到靠近孔上方的安全高度平面 R 点（参考点）。

3）孔加工（工作进给）。

4）在孔底做需要的动作。

5）退回到安全平面高度或初始平面高度。

6）快速返回到初始点位置。

固定循环的动作示意图如图 2-27 所示。

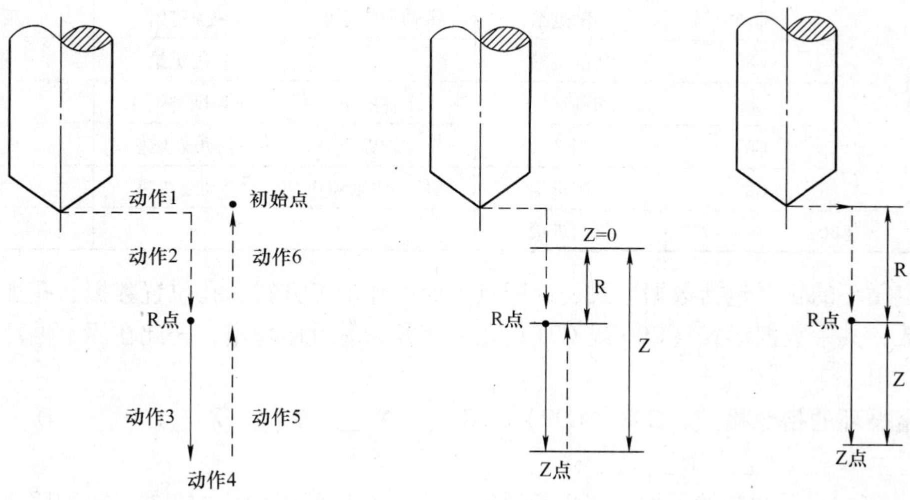

图 2-27 固定循环的动作示意图

3. 固定循环的数据形式、指令格式及参数说明

固定循环的数据形式如图 2-28 所示。

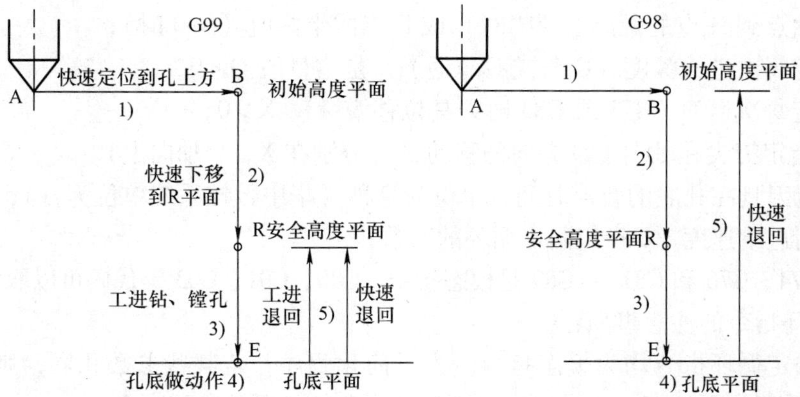

图 2-28 固定循环的数据形式

固定循环功能表见表 2-15。

表 2-15 固定循环功能表

G 指令		-Z 向加工动作	孔底动作	-Z 向回退动作	用 途
钻孔	G73	间歇进给	—	快速进给	高速钻深孔
	G81	切削进给	—	快速进给	定点钻孔
	G82	切削进给	暂停	快速进给	锪孔
	G83	间歇进给	—	快速进给	钻深孔
攻螺纹	G74	切削进给	主轴正转	切削进给	反转攻螺纹
	G84	切削进给	主轴反转	切削进给	攻螺纹
镗孔	G74	切削进给	主轴正转	切削进给	反转攻螺纹
	G76	切削进给	主轴定向停止	快速进给	精镗孔
	G85	切削进给	—	切削进给	镗孔
	G86	切削进给	主轴停止	切削进给	镗孔
	G87	切削进给	主轴停止	手动或快速	反镗孔
	G88	切削进给	暂停，主轴停止	手动或快速	镗孔
G80		切削进给	—	—	取消固定循环

固定循环的指令包括数据形式、返回点平面、孔加工方式、孔位置数据、孔加工数据和循环次数，其中数据形式（G90 或 G91）在程序开始时就已指定，因此在固定循环指令格式中可不注出。

固定循环的指令格式：G98（G99） G__ X__ Y__ Z__ R__ Q__ P__ I__ J__ K__ F__ L__

式中 G98 为返回初始平面；G99 为返回；第二个 G 代码为孔加工方式，即固定循环代码 G73、G74、G76 和 G81 ~ G89 中的任意一个，应根据实际加工需要正确选择。

固定循环指令参数说明：

X、Y：为孔位数据，指被加工孔的位置；

Z：R 点到孔底的距离（G91 时）或孔底坐标（G90 时）；

R：初始点到 R 点的距离（G91 时）或 R 点的坐标值（G90 时）；

Q：指定每次进给深度（G73 或 G83 时），是增量值 Q<0；

K：指定每次退刀（G73 或 G83 时刀具位移增量），K>0；

I、J：指定刀尖在轴向上反方向的移动量（分别在 X、Y 轴向上）；

P：指定刀具在孔底的暂停时间，单位为毫秒（华中数控系统单位为秒）；

F：切削进给速度，L 指定固定循环的次数；

G73、G74、G76 和 G81 ~ G89 是模态指令；G80、G01、G03 等代码可以取消固定循环。

使用循环指令的注意事项：

1）各固定循环指令均为模态指令。为了简化程序，若某些参数相同，则可不必重复。若为了程序看起来更清晰，不易出错，则每句指令的各项参数应写全。

2）固定循环中定位方式取决于上次是 G00 还是 G01，因此如果希望快速定位，则在上一行或本语句开头加 G00。

3）在固定循环指令前应使用 M03 或 M04 指令使主轴回转。

4）在固定循环程序段中，X、Y、Z、R 指令数据中缺少一个就不能进行。

5）应在各孔的加工动作之间插入 G04 指令，以获得时间。

6）G80 指令能取消固定循环，同时 R 点和 Z 点也被取消。

二、孔类零件的加工刀具

1. 钻头刀具（见图 2-29）

钻头刀具的使用注意事项如下：

1）细长孔的加工易折断，注意冷却和倒屑；

2）刀片涂层（碳化钛）钻头的寿命为一般刀具的 2 ~ 3 倍；

3）在钻孔前最好先用中心钻钻一中心孔，有利于定心；

4）如加工表面非常硬、钻头无法划窝时，用硬质合金钻头划窝；

5）用阶梯式钻头可提高工效；

6）加工大孔径时用高速钻头，可提高效率。

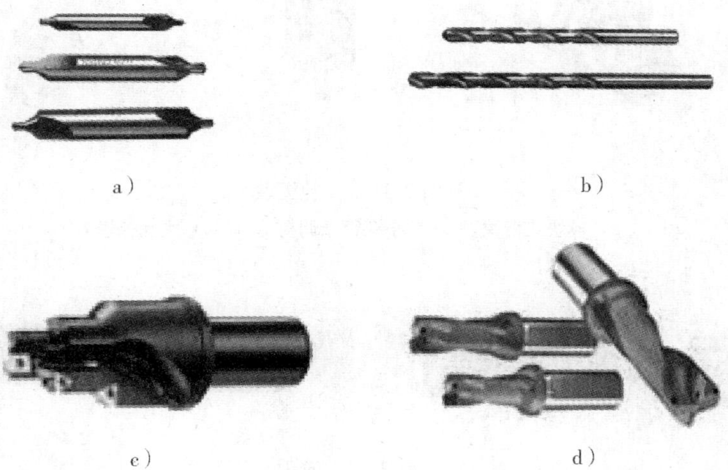

a）　b）

c）　d）

图 2-29　各式钻头刀具

a）中心钻　b）整体式直柄钻头　c）台阶式钻头　d）高速钻头

2. 镗孔刀具

镗刀有足够的刚性和较好的精度。镗孔加工时（见图 2-30），应每道工序换一次刀，尽量减少运动和定位误差；广泛使用双刃机夹镗刀，其刀片更换方便、易于调整、刚性好，对称切削镗孔的精度较高；大孔径的镗孔加工可选用可调双刃镗刀系统，如图 2-31 所示。

3. 铰刀（见图 2-32）

利用铰刀可从已加工的孔壁切除薄层金属，以获得精确的孔径和几何形状以及较小的表面粗糙度值。铰削一般在钻孔、扩孔或镗孔以后进行，用于加工精密的圆柱孔和锥孔，加工孔径范围一般为 3 ~ 100mm。由于铰刀的切削刃长，铰削时各刀齿同时参加切削，生产率高，在孔的精加工中应用较广。

铰削可分为粗铰和精铰。粗铰的切削深度（单边加工余量）为 0.3 ~ 0.8mm，加工精度

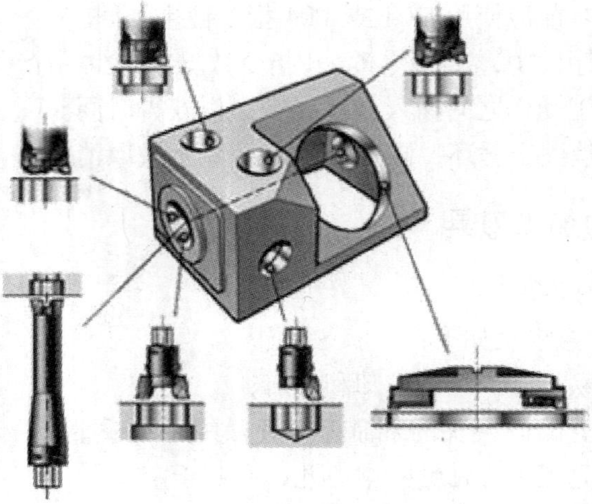

图 2-30　镗孔加工示意图

a）　　b）　　c）

图 2-31　镗孔刀具

a）模块式精镗刀　b）小孔径微调精镗刀　c）大孔径镗刀

图 2-32　铰刀

可达 IT10 ~ IT9，表面粗糙度值为 $Ra10 \sim 1.25\mu m$；精铰的切削深度（单边加工余量）为 0.06 ~ 0.3mm，加工精度可达 IT8 ~ IT6，表面粗糙度值为 $Ra1.25 \sim 0.8\mu m$。铰孔的切削速度较低，如用硬质合金圆柱形多刃铰刀对钢件铰孔，当孔径为 40 ~ 100mm 时，切削速度为 6 ~ 12m /min，进给量为 0.3 ~ 2mm/r。

4. 螺纹刀具

螺尖式丝锥（见图 2-33，通孔攻螺纹）的特点：切屑从切削方向排出，不残留切屑，不会因堵塞损伤丝锥；由于不堵塞，沟槽设计较一般丝锥小，从而提高了丝锥的强度；丝锥咬入部有效前角大，刃尖锋，切削阻力小，可攻出高精度的螺孔；对于可加工性较差的材料，也能获得较好的效果。

螺旋式（见图 2-34）丝锥的特点：因切屑从后面排出，故最适于不通孔、深孔的攻螺纹；切屑不残留在刃槽内，这样不会发生因排屑堵塞而造成的工件损伤；对于可加工性较差的材料，也能获得较好的效果。

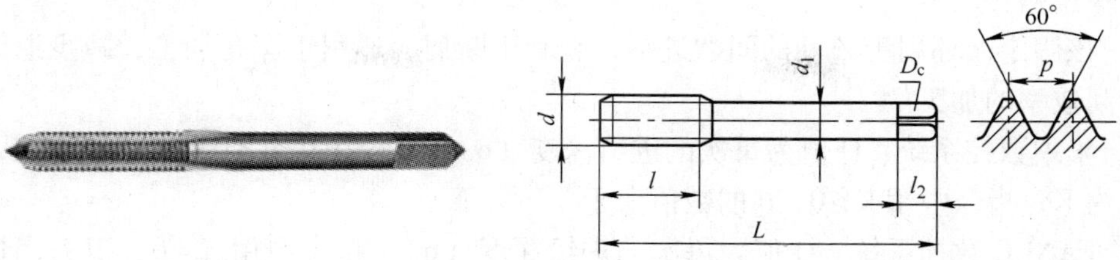

图 2-33　螺尖式丝锥

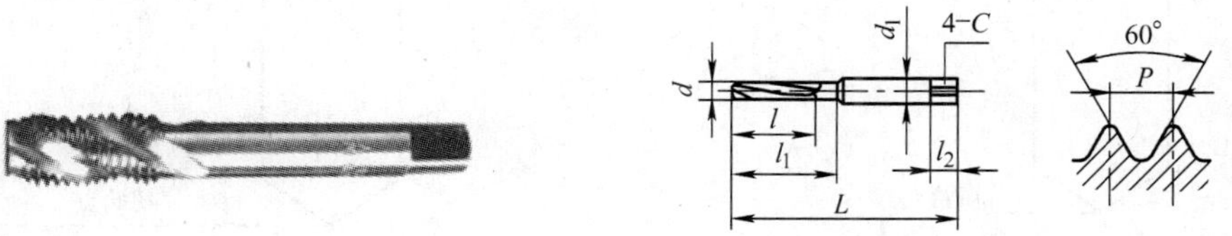

图 2-34　螺旋式丝锥

传统的螺纹加工方法主要为采用丝锥、板牙手工攻螺纹及套螺纹。随着数控加工技术的发展，尤其是三轴联动数控加工系统的出现，使更先进的螺纹加工方式——螺纹的数控铣削得以实现。螺纹铣削加工与传统螺纹加工方式相比，在加工精度、加工效率方面具有极大优势，且加工时不受螺纹结构和螺纹旋向的限制，如一把螺纹铣刀（见图 2-35）可加工多种不同旋向的内、外螺纹。此外，螺纹铣刀的寿命是丝锥的十多倍甚至数十倍，而且在数控铣削螺纹过程中，对螺纹直径尺寸的调整极为方便，这是采用丝锥、板牙难以做到的。由于螺纹铣削加工的诸多优势，目前发达国家的大批量螺纹生产已较广泛地采用了铣削工艺。

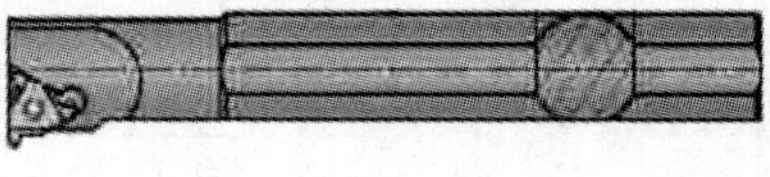

图 2-35　螺纹铣刀

三、数控铣床钻孔循环指令

1. G81：一般钻孔循环指令

指令格式：G98（G99）　G81　X __　Y __　Z __　R __　F __

指令说明：刀具以进给速度向下运动钻孔，到达孔底位置后，快速退回（无孔底动作），用于一般定点钻孔和钻中心孔，如图 2-36 所示。

2. G82：带停顿的钻孔循环指令

指令格式：G98（G99）　G82　X __　Y __　Z __　R __　P __　F __

指令说明：与 G81 指令唯一的区别是有孔底暂停动作，暂停时间由 P 指定。执行该指令使孔的表面更光滑，孔底平整，常用于加工沉头台阶孔。

3. G73：高速深孔加工循环指令

指令格式：G98（G99）　G73　X __　Y __　Z __　R __　Q __　K __　F __　L __（华中数控系统）

G98（G99）　G73　X __　Y __　Z __　R __　Q __　F __　（FANUC 数控系统）

指令说明：

1）该固定循环用于Z轴的间歇进给，有利于断屑，适用于深孔加工，减少退刀量，可以进行高效率的加工。

2）华中数控系统：Q值为每次的进给深度（q），指令中用 $q<0$；退刀用快速，每次的退刀量为K，指令中用 $k>0$；q的数值大于k。

3）FANUC数控系统：Q值为每次的进给深度（q），指令中用 $q<0$；退刀用快速，每次的退刀量k的值由532#机床参数给定，如图2-37所示。

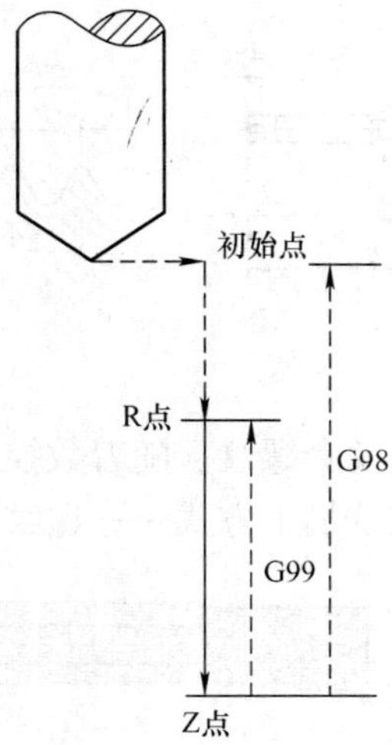

图2-36 G81、G82指令动作示意图

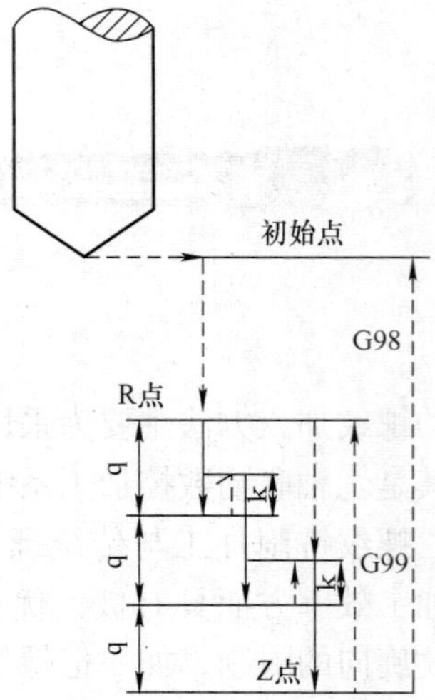

图2-37 G73、G83指令动作示意图

4. G83：深孔加工循环指令

G83指令基本与G73相同，与G73的不同之处为在每次进刀后都返回安全平面高度处，这样更有利于钻深孔时的排屑。

四、数控铣床铰孔、镗孔循环指令

1. G85：铰孔循环指令

指令格式：G98（G99） G85 X__ Y__ Z__ R__ F__

指令说明：该指令动作过程与G81指令相同，只是G85指令的进刀和退刀都为工进速度，且回退时主轴不停转。

2. G76：精镗孔循环指令

指令格式：G98（G99） G76 X__ Y__ Z__ R__ P__ I__ J__ F__

指令说明：精镗时，主轴在孔底定向停止后，向刀尖反方向移动，然后快速退刀，退刀位置由G98或G99决定。这种带有让刀的退刀不会划伤已加工平面，保证了镗孔精度。刀尖反向位移量用地址Q指定，其值q（X、Y轴让刀量分别用I、J表示）只能为正值。Q值是模态的，位移方向由MDI设定，可为±X，±Y中的任一个。注意：如果Z、I和J、K移动量为零，该指令不执行，如图2-38所示。

3. G86：镗孔循环指令

指令格式：G98（G99）　G86　X＿　Y＿　Z＿　R＿　F＿

指令说明：此指令与 G81 相同，但在孔底时主轴停止，然后快速退回。注意：该指令退刀前没有让刀动作，退回时可能划伤已加工表面，因此只用于粗镗孔。

4. G89：镗孔循环指令

指令格式：G98（G99）　G89　X＿　Y＿　Z＿　R＿　P＿　F＿

指令说明：此指令与 G86 指令相同，但在孔底有暂停（孔底延时、停主轴）。

5. G87：反镗孔循环指令

指令格式：G98（G99）　G87　X＿　Y＿　Z＿　R＿　I＿　J＿　F＿

指令说明：在 X、Y 轴定位后，主轴定向停止，然后向刀尖的反方向移动 q 值，再快速进给到孔底（R 点）定位。在此位置，刀具向刀尖方向移动 q 值。主轴正转，在 Z 轴正方向上加工至 Z 点。这时主轴又定向停止，向刀尖反方向位移，然后从孔中退出刀具，返回到初始点（只能用 G98）后退回一个位移量，主轴正转，进行下一个程序段的动作。本指令中，刀尖位移量及方向与 G76 指令相同。例如：G98　G87　G90　X100　Y100　Z40　I－10　R5　P2000　I2 。注意：如果 Z 的移动量为零，该指令不执行，如图 2-39 所示。

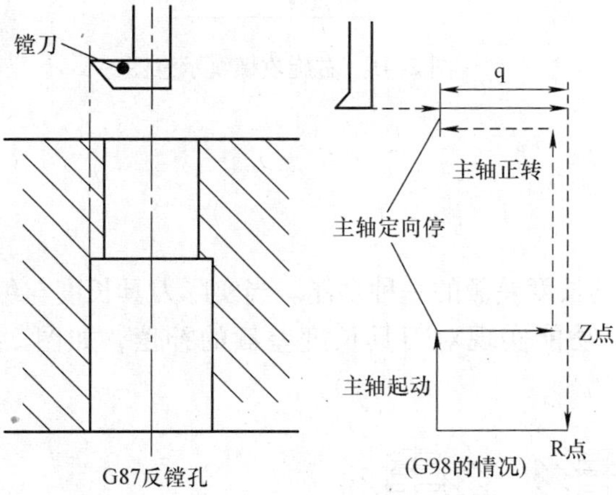

图 2-38　精镗孔循环示意图

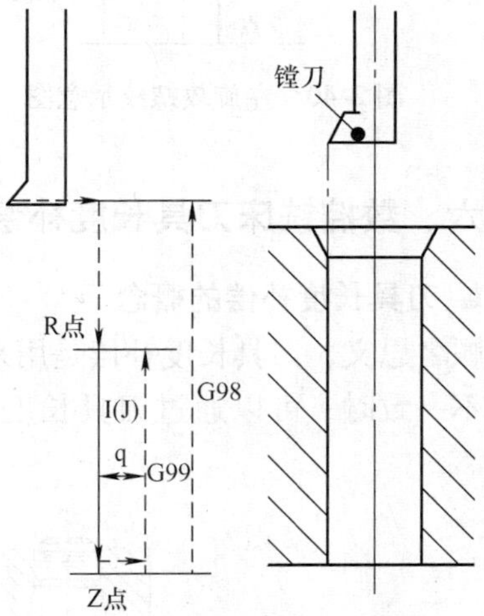

图 2-39　反镗孔循环示意图

五、数控铣床螺纹加工循环指令与加工技能

1. G74：左旋攻螺纹循环指令与加工技能

指令格式：G98（G99）　G74　X＿　Y＿　Z＿　R＿　F＿

指令说明：左旋攻螺纹（攻反螺纹）时主轴反转，到孔底时主轴正转，然后退回。

注意：攻螺纹过程要求主轴转速与进给速度成严格的比例关系，因此攻螺纹时速度倍率不起作用。使用进给保持时，在全部动作结束前也不停止。华中数控系统中 F 取值等于螺距；FANUC 数控系统中 F 取值为：转速 × 螺距，如图 2-40 所示。

2. G84：右旋攻螺纹循环指令与加工技能

指令格式：G98（G99）　G84　X＿　Y＿　Z＿　R＿　F＿

指令说明：从 R 点到 Z 点攻螺纹时刀具正向进给，主轴正转。到孔底部时，主轴反转，刀具以反向进给速度退出。

注意：攻螺纹过程要求主轴转速与进给速度成严格的比例关系，因此攻螺纹时速度倍率不起作用。使用进给保持时，在全部动作结束前也不停止。华中数控系统 F 取值等于螺距；FANUC 数控系统 F 取值为：转速 × 螺距，如图 2-41 所示。

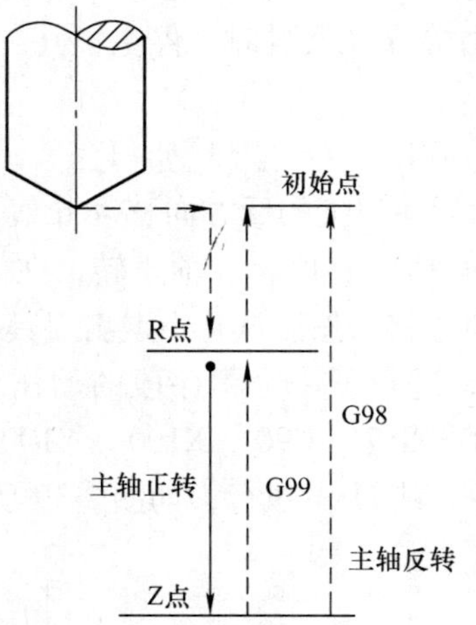

图 2-40 左旋攻螺纹示意图

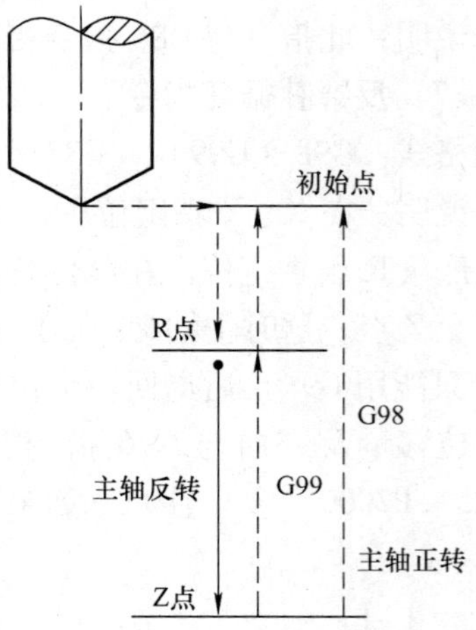

图 2-41 右旋攻螺纹示意图

六、数控铣床刀具长度补偿及设定

1. 刀具长度补偿的概念

顾名思义，刀具长度补偿是用来补偿刀具长度差额的一种功能。当实际刀具长度与编程长度不一致时，可以通过刀具长度补偿这一功能实现对刀具长度差额的补偿，如图 2-42 所示。

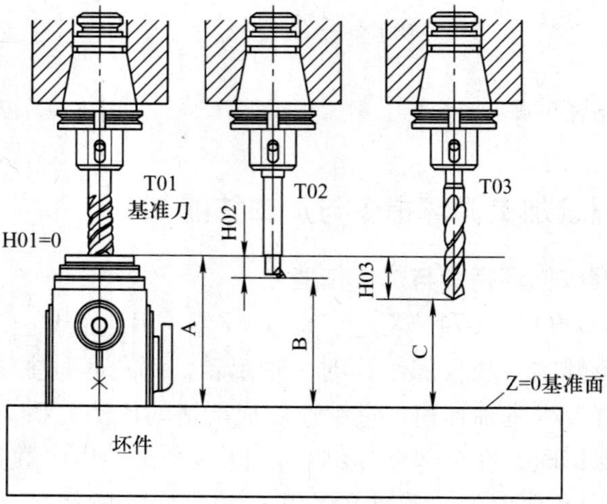

图 2-42 刀具长度补偿

刀具长度补偿指令及格式：

（1）刀具长度正补偿 G43

指令格式：G43　G0（G1）Z＿　H＿

（2）刀具长度负补偿 G44

指令格式：G44　G0（G1）Z＿　H＿

（3）取消刀具长度补偿 G49

指令格式：G49　G0（G1）Z＿

刀具长度补偿的说明：

1）其中 Z 为指令终点位置，H 为刀补号地址，用 H00 ~ H99 来指定，在数控铣床设定，用来调用内存中刀具长度补偿的数值。

2）G43、G44、G49 均为模态指令，可相互注销。

3）执行 G43 时，Z 实际值 = Z 指令值 +（Hxx），如图 2-43a 所示。

4）执行 G44 时，Z 实际值 = Z 指令值 -（Hxx），如图 2-43b 所示。

5）其中（Hxx）是指 xx 存储器中的补偿量，其值可以是正值或负值。当刀具长度补偿量取负值时，G43 和 G44 的功效将互换。

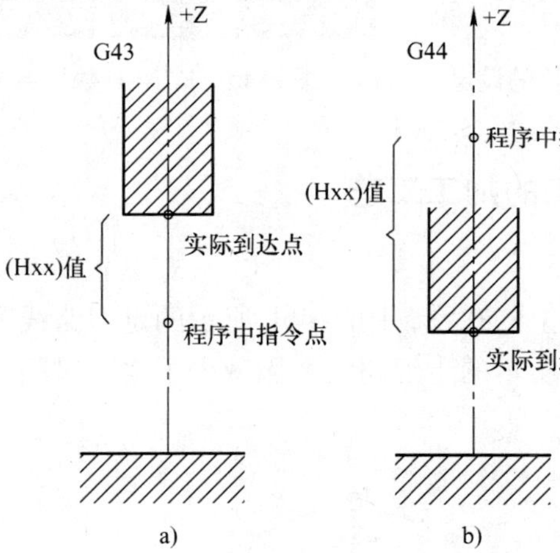

图 2-43　刀具长度正、负补偿

2. 刀具长度补偿值的设定

（1）华中数控系统的操作步骤

1）在主菜单下按 F4 键进行刀具补偿设置，图形显示窗口将出现刀具补偿数据。

2）用▲、▶、◀、PgUp、PgDn 键移动蓝色亮条，选择要编辑的选项。

3）按 Enter 键，蓝色亮条所指刀具数据的颜色和背景都发生变化，同时有一光标在闪烁。

4）用 BS、Del 键进行编辑修改。

5）修改完毕按 Enter 键确认，如图 2-44 所示。

6）若输入正确图形，显示窗口相应位置将显示修改过的值，否则保持原值不变。

（2）FANUC 数控系统的操作步骤

1）按 OFFSET SETTING 键，显示出刀具偏置页面（如果显示的不是刀具偏置，可以再按软件键“补偿”）。

2）使用翻页键（标有 PAGE 的 ↑ 、↓ 键）和上、下光标键（标有 CUSTOM GRAPH 的 ↑ ↓ 键）将光标移动到需要修改或需要输入的刀具偏置号前面。

3）键入刀具偏置值，如图 2-45 所示。

4）按 INPUT 键，偏置值被输入。

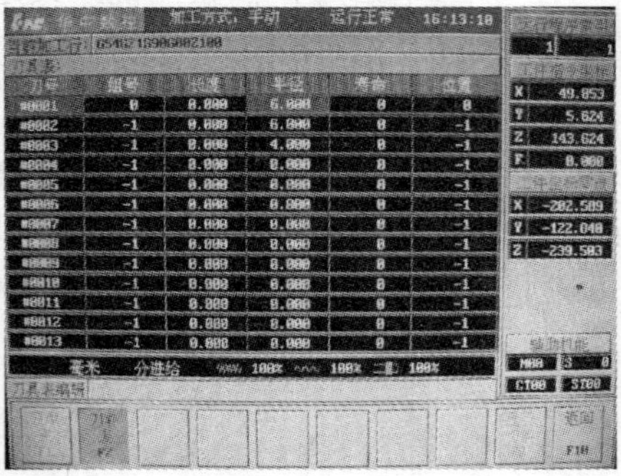

图 2-44　华中数控系统刀具补偿值的设定

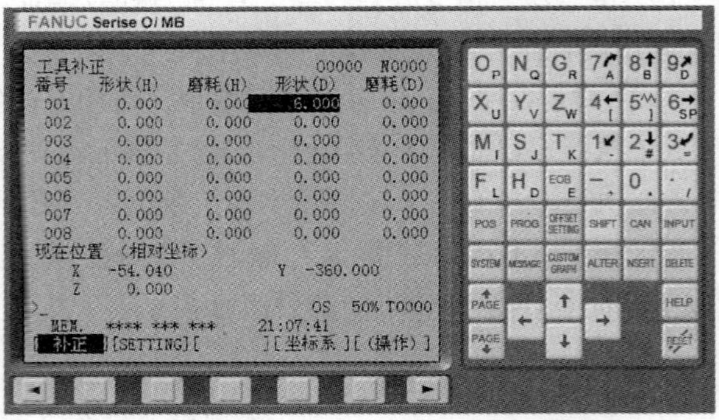

图 2-45　FANUC 数控系统刀具补偿值的设定

七、数控铣床孔类加工的加工工艺

1. 寻求最短加工路线

如加工图 2-46a 所示零件上的孔系，图 2-46b 所示的走刀路线为先加工完外圈孔后，再加工内圈孔。若改用图 2-46c 所示的走刀路线，因减少了空刀时间，则可节省定位时间近一倍，提高了加工效率。

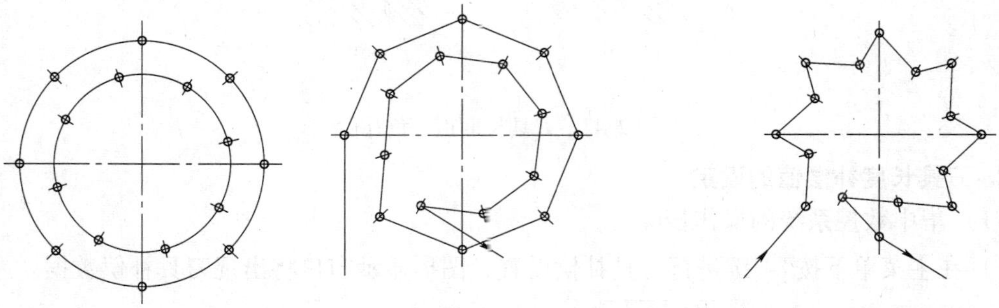

a)　　b)　　c)

图 2-46　最短走刀路线的设计

a）零件图样　b）路线 1　c）路线 2

2. 中心孔

中心孔是钻孔工艺中不可或缺的一道工序，因为普通钻头尖顶处没有钻削能力而导致孔中心位置偏离图样位置的要求。中心孔的最大作用之一是能准确地找到加工工件孔中心的位置。

任务实施

一、目的及要求

1）掌握数控固定循环指令的相关知识。

2）学会数控孔类零件的装夹方法与合理选用孔加工刀具的方法。

3）学会制订数控铣床孔类零件的加工工艺。

4）学会数控铣床孔类零件的编程与加工技能。

二、设备及器材

本任务所需的设备及器材见表2-16。

表2-16　设备及器材

项　目	名　称	规　格	数　量
设备	数控铣床	华中或FANUC系统	8～10台
夹具	机用虎钳、V形块	20mm	8～10
刀具	中心钻、麻花钻、铰刀、镗刀、丝锥、立铣刀	A2、ϕ20mm、ϕ6mm、M10	各8～10把
量具	游标卡尺	200mm/0.02	8～10把
	深度尺	200mm/0.02	8～10把
其他	毛刷、扳手、平行板等	配套	一批

三、内容与步骤

1. 制订法兰盘零件的加工工艺

（1）零件图工艺分析　该零件为孔系法兰类结构，外形为圆柱形，加工内容包括钻孔、铰孔、镗孔和攻螺纹，零件的尺寸精度、几何公差要求，数控铣床均可以达到，材料为工业硬铝，便于机械加工，可以选择数控铣加工。

（2）确定零件的装夹方式　零件外形为结构单一的圆柱形结构，用机用虎钳与V形块组合装夹，即可实现合理准确的定位与夹紧。

（3）确定加工顺序　铣平面→圆凸台外形加工→钻六个中心孔→钻ϕ20mm的孔→钻ϕ9mm光孔→钻螺纹孔→钻销孔→镗ϕ20mm的孔→铣沉孔ϕ12mm孔→攻M8螺纹→铰销孔。

（4）刀具的选择

1）用A2中心钻打中心孔。

2）用ϕ23.8mm的麻花钻钻削通孔。

3）用ϕ8.8mm的麻花钻钻削ϕ9mm孔。

4）用ϕ6.8mm的麻花钻钻削M8螺纹孔。

5）用ϕ5.8mm的麻花钻钻削ϕ6mm的孔。

6）用 ϕ6 mm 的铰刀铰削 ϕ6mm 的孔。

7）用 ϕ6 mm 的铣刀铣削 ϕ12mm 的沉孔。

8）用 M8 丝锥攻螺纹。

（5）切削用量的选择

1）钻中心孔时，$v_f = 80\text{mm/min}$，$a_p = 2\text{mm}$，$n = 1000\text{r/min}$ 。

2）钻通孔时，$v_f = 50\text{mm/min}$，$a_p = 30\text{mm}$，$n = 560\text{r/min}$ 。

3）镗 ϕ20mm 的通孔时，$v_f = 50\text{mm/min}$，$a_p = 30\text{mm}$，$n = 600\text{r/min}$。

4）铰 ϕ6mm 的销孔时，$v_f = 50\text{mm/min}$，$a_p = 30\text{mm}$，$n = 150\text{r/min}$。

5）攻螺纹 ϕ14mm 的通孔时，$n = 200\text{r/min}$。

2. 根据加工工艺，编制零件加工程序

（1）平面加工　图 2-47 所示为铣平面编程示意图，图 2-48 所示为铣两平面零件示意图，其加工程序见表 2-17。

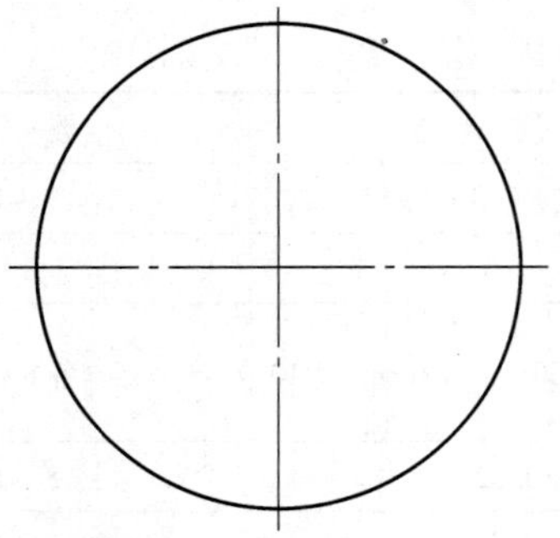

图 2-47　铣平面编程示意图

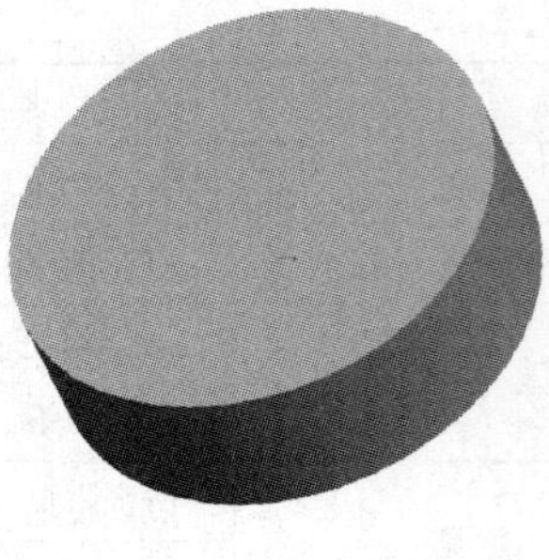

图 2-48　铣两平面零件示意图

表 2-17　铣平面的加工程序

程序号	O1
%1	%2000
G54　G90　G21　G0　Z100	G91　G1　X100　F500
M3　S2000	Y15
M8	X－100
G0　X－50　Y－40	Y15
G1　Z－1　F400	M99
M98　P2000　L5	
G90　G0　Z100	
M5　M9	
M30	

（2）圆凸台外形加工　图 2-49 所示为圆凸台外形编程示意图，图 2-50 所示为圆凸台外形零件示意图，其加工程序见表 2-18。

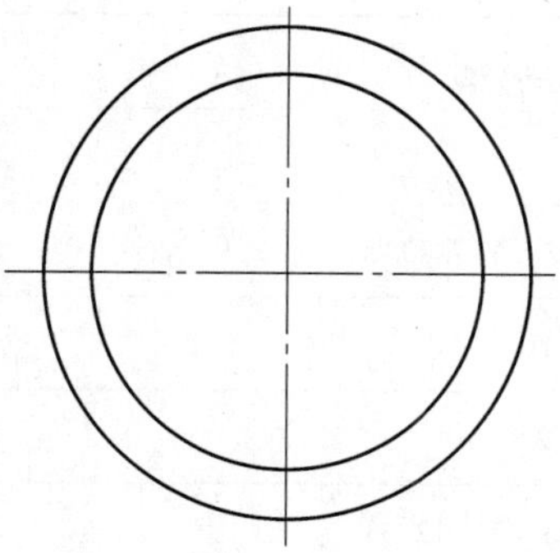

图 2-49　圆凸台外形编程示意图

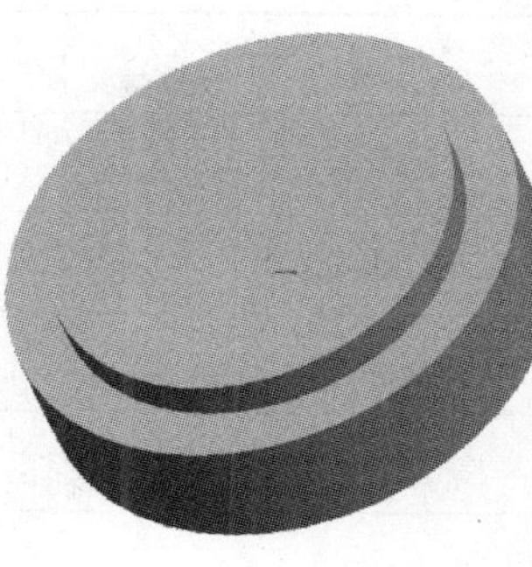

图 2-50　圆凸台外形零件示意图

表 2-18　圆凸台外形加工的加工程序

程序号	O2
%2	
G90　G21　G54　G64	Z0
M3　S2200	G2　I32　Z－1　L6
M8	G0　Z50
G0　Z50	G40　G1　X45
X－45　Y0	G90　G0　X0　Y0
Z5	M5　M9
G91　G41　G1　X－32　D01　F600	M30

（3）钻六个中心孔　图 2-51 所示为中心孔编程示意图，图 2-52 所示为中心孔零件示意图，其加工程序见表 2-19。

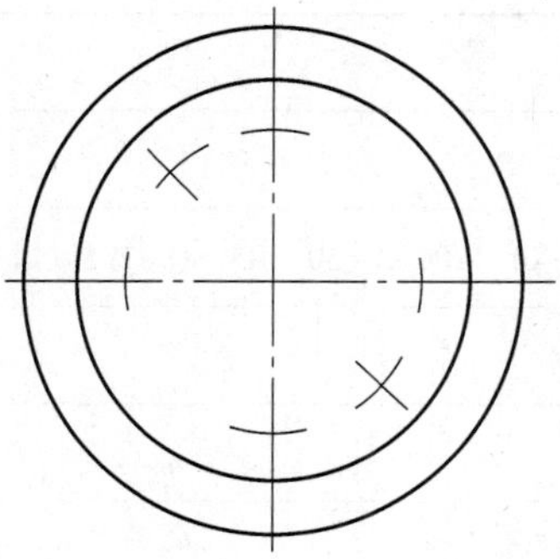

图 2-51　中心孔编程示意图

图 2-52　中心孔零件示意图

表 2-19　钻中心孔的加工程序

程序号	O3
%3	
G54　G90　G21　G0　Z100	X－17.23　Y17.23
M3　S500	X－24　Y0
M8	X0　Y－24
G0　X0　Y0	X－17.23　Y－17.23
G98　G81　X0　Y0　Z－2.5　R5　F50	G80
X24　Y0	M5　M9
X0　Y24	M30

（4）钻 ϕ20mm 的孔　图 2-53 所示为中心孔编程示意图，图 2-54 所示为中心孔零件示意图，其加工程序见表 2-20。

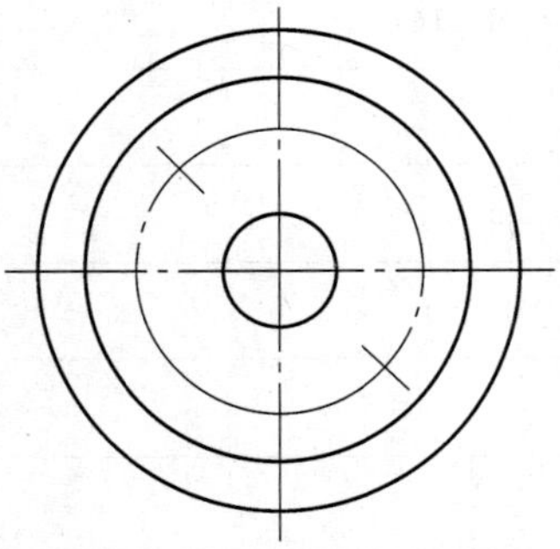

图 2-53　中心孔编程示意图

图 2-54　中心孔零件示意图

表 2-20　中心孔的加工程序

程序号	O4
%4	
G54　G90　G21　G0　Z100	G98　G73　X0　Y0　Z－30　R5　Q－2.5　P1　K1　F60
M3　S600	G80
M8	M5　M9
G0　X0　Y0	M30

（5）钻 ϕ9mm 通孔　图 2-55 所示为通孔编程示意图，图 2-56 所示为通孔零件示意图，其加工程序见表 2-21。

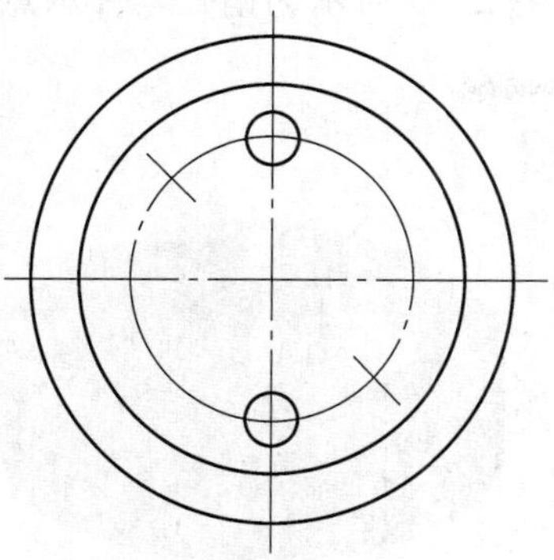

图 2-55 通孔编程示意图

图 2-56 通孔零件示意图

表 2-21 通孔的加工程序

程序号	O5
%5	
G54 G90 G21 G0 Z100	X0 Y24
M3 S600	G80
M8	M5 M9
G0 X0 Y0	M30
G98 G83 X0 Y-24 Z-30 R5 Q-2.5 P1 K1 F60	

(6) 钻螺纹孔 图 2-57 所示为螺纹孔编程示意图，图 2-58 所示为螺纹孔零件示意图，其加工程序见表 2-22。

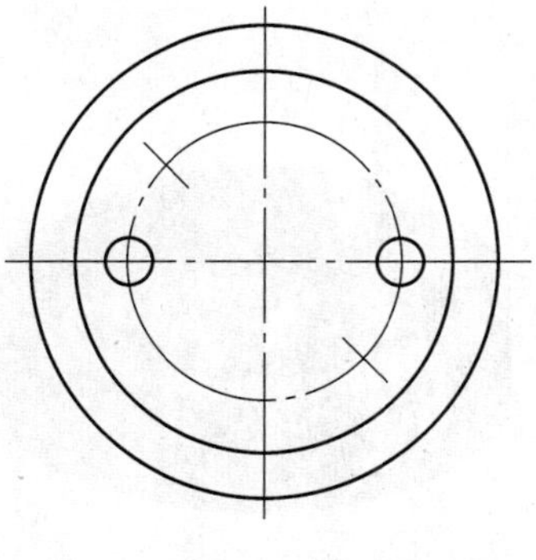

图 2-57 螺纹孔编程示意图

图 2-58 螺纹孔零件示意图

表 2-22 螺纹孔的加工程序

程序号	O6
%6	
G54 G90 G21 G0 Z100	X24 Y0
M3 S600	G80
M8	M5 M9
G0 X0 Y0	M30
G98 G83 X-24 Y0 Z-22 R5 Q-2.5 P1 K1 F60	

（7）钻销钉孔　图2-59所示为销孔编程示意图，图2-60所示为销孔零件示意图，其加工程序见表2-23。

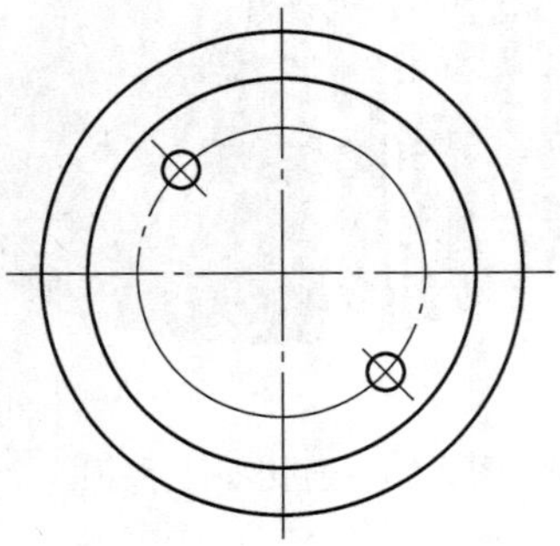

图2-59　销孔编程示意图

图2-60　销孔零件示意图

表2-23　销孔的加工程序

程序号	O7
%7	
G54　G90　G21　G0　Z100	X－17.23　Y－17.23
M3　S600	G80
M8	M5　M9
G0　X0　Y0	M30
G98　G83　X－17.23　Y17.23　Z－30　R5　Q－2.5　P1　K1　F60	

（8）镗 ϕ20mm孔　图2-61所示为镗孔编程示意图，图2-62所示为镗孔零件示意图，其加工程序见表2-24。

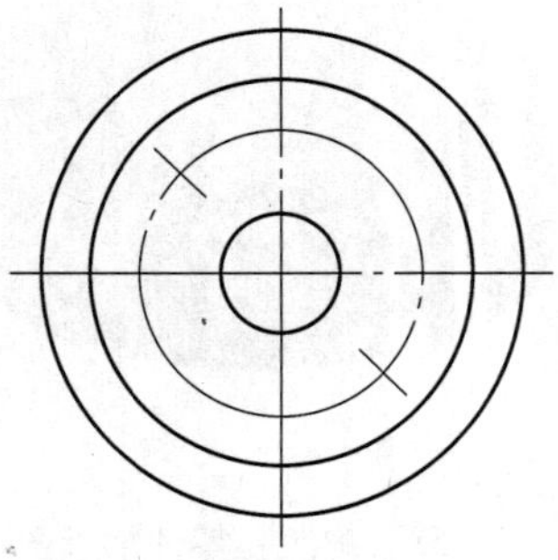

图2-61　镗孔编程示意图

图2-62　镗孔零件示意图

表2-24　镗孔的加工程序

程序号	O8
%8	
G54　G90　G21　G0　Z100	G98　G76　X0　Y0　Z－32　R5　Q0.5　P1　F60
M3　S600	G80
M8	M5　M9
G0　X0　Y0	M30

（9）铣沉孔 ϕ12mm 孔　图 2-63 所示为铣沉孔编程示意图，图 2-64 所示为铣沉孔零件示意图，其加工程序见表 2-25。

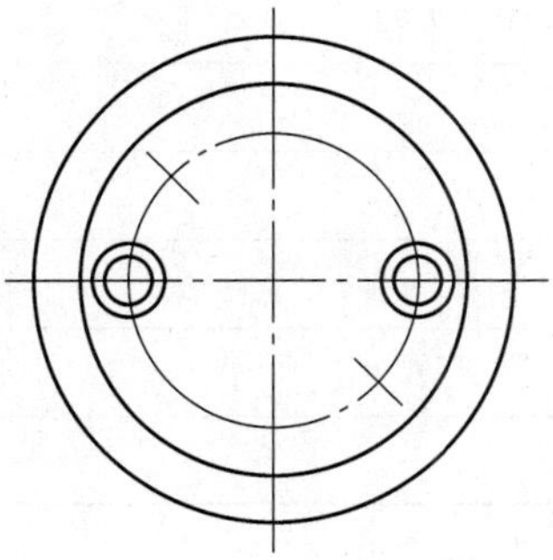

图 2-63　铣沉孔编程示意图

图 2-64　铣沉孔零件示意图

表 2-25　铣沉孔的加工程序

程序号	O9
%9	%2000
G54　G90　G21　G0　Z100	G91　G1　－18　Z－1　F500
G24　Y0	G90　G3　I－6
M3　S1200	M99
M8	
G90　G41　G1　X－24　Y0　D01　F1000	
G1　Z0　F400	
M98　P2000　L3	
G90　G40　G0　Z100	
G25　Y0	
M30	

（10）攻 M8 螺纹　攻螺纹的加工程序见表 2-26。

表 2-26　攻螺纹的加工程序

程序号	O10
%10	
G54　G90　G21　G0　Z100	X24　Y0
M3　S150	G80
M8	G0　Z100
G0　X0　Y0	M5　M9
G98　G84　X－24　Y0　Z－14　R5　F100	M30

（11）铰销孔　铰销孔的加工程序见表 2-27。

表 2-27 铰销孔的加工程序

程序号	O11
%11	X－17.23　Y－17.23
G54　G90　G21　G0　Z100	G80
M3　S100	G0　Z100
M8	M5　M9
G0　X0　Y0	M30
G98　G81　X－17.23　Y17.23　Z－26　R5　F50	

（12）工件成品　工件加工完成效果如图 2-65 所示。

图 2-65　工件成品

3. 加工操作

开机，返回机床参考点；装夹工件；用百分表校检工件基准面的平面度误差和垂直度误差，并确保夹紧好；测量工件的零点偏置值，填写 G54 零点偏置表；装刀并设置长度补偿；输入程序并校验程序。当程序校验无误后，调用相应程序开始自动加工。

考核评价

此任务的考核评价标准见表 2-28。

表 2-28　考核评价标准

项　目	序号	考核内容及要求	学生自评	学生互评	教师评价
数控加工工艺的设计	1	装夹方案的合理性			
	2	加工路线和工序划分的合理性			
	3	刀具和切削用量选择的合理性			
编制零件加工程序	4	零件钻孔编程的正确性			
	5	零件铰孔编程的正确性			
	6	零件镗孔编程的正确性			
	7	零件攻螺纹编程的正确性			
零件加工与检测	8	数控铣床操作的安全性			
	9	加工零件的正确性			
	10	检测加工零件的精度			
综合评价	11	考核评价标准：优、良、中、合格、不合格，纪律评价（20%）；考核评价（80%）			
签名	学生自评签名（　　　）学生互评签名（　　　）教师评价签名（　　　）				

学习反思

学习后反思自己的表现，并将学习中的收获填入表 2-29。

表 2-29　学习收获

类　型	内　容
掌握知识	
掌握技能	
收获体会	
需解决问题	
学生签名	

拓展内容

一、局部坐标系设定指令 G52

指令格式：G52　X＿　Y＿　Z＿　A＿（华中数控系统）

指令说明：其中 X、Y、Z、A 是局部坐标系原点在当前工件坐标系中的坐标值。

G52 指令能在所有的工件坐标系（G54～G59）内形成子坐标系，即局部坐标系。含有 G52 指令的程序段中，绝对值编程方式的指令值就是在该局部坐标系中的坐标值。设定局部坐标系后，工件坐标系和机床坐标系保持不变。G52 指令为非模态指令。在缩放及旋转功能下不能使用 G52 指令，但在 G52 下能进行缩放及坐标系旋转。

二、直接机床坐标系编程指令 G53

指令格式：G53　X＿　Y＿　Z＿（华中数控系统）

指令说明：G53 是机床坐标系编程指令，该指令使刀具快速定位到机床坐标系中的指定位置上。在含有 G53 的程序段中，应采用绝对值编程，且 X、Y、Z 均为负值。

思考与练习

一、选择题

1. 固定循环，如果指令了________代码，固定循环则自动被取消，变成 G80 状态。

A. G98　　B. F50　　C. G02　　D. T02

2. 孔加工时，选择________方式，固定循环指令中地址 R 与 Z 一律取其终点坐标值。

A. G90　　B. G91　　C. G98　　D. G99

3. 固定循环指令以及 Z、R、Q、P 指令是模态的，直到用________撤销指令为止。

A. G43　　B. G49　　C. G80　　D. G99

4. 固定循环的程序格式为：G91 ________ G××X～Y～Z～R～Q～P～F～。

A. G98　　B. G90　　C. G80　　D. G92

5. 孔加工时，选择________方式，则 R 是指自初始点到 R 点的距离。

A. G90　　B. G91　　C. G98　　D. G99

二、判断题

(　　) 1. 固定循环动作由 6 个动作组成，但不包括孔底动作。

(　　) 2. 数控铣可钻孔、镗孔、铰孔、铣平面、铣斜面、铣槽、铣曲面、攻螺纹等。

(　　) 3. 孔加工循环与平面选择指令无关，即不管选择哪个平面，孔加工都是在 XY 平面上定位并在 Z 轴方向上钻孔。

(　　) 4. 孔的尺寸精度就是指孔的直径尺寸。

(　　) 5. G83 指令基本与 G73 相同，与 G73 不同之处为每次进刀后都返回安全平面高度处，这样更有利于钻深孔时的排屑。

三、简答题

1. 数控铣床固定循环指令编程的动作组成是什么?

2. 指令动作 G98　G81　X0　Y0　Z－10　R5　F100，初始平面高度为 50，试画出固定循环动作示意图的 6 个动作。

3. 说说反镗孔循环指令编程的格式 G98（G99）　G87　X__　Y__　Z__　R__　I__　J__　F 中，I 和 J 的含义是什么?

项目三

数控铣床的复杂零件加工

我国有“世界工厂”、“ 制造大国”之称，这是以制造业高速发展为基础的，特别是数控技术在其中扮演着重要的角色。数控机床能完成普通机床和人工作业不可能达到的加工要求。随着数控技术的发展，现代的数控系统为我们提供了越来越丰富的简化编程和宏程序功能，可大大简化程序编制的工作，提高编程效率，也提高了数控机床的利用率和产品生产率。

通过本项目的学习（训练），掌握数控铣床镜像、旋转、缩放简化功能指令和宏程序的编程方法，编制各种复杂零件的加工程序。通过复杂零件的加工训练，能够运用简化功能和宏程序独立地完成复杂零件的加工。

知识目标

1. 了解数控铣床简化功能和宏程序编程的作用。
2. 掌握数控铣床的镜像、旋转、缩放功能。
3. 掌握数控铣床宏程序编程的结构和原理。

技能目标

1. 学会用数控铣床镜像、旋转、缩放功能编程。
2. 学会用数控铣床宏程序编程。
3. 学会合理制订复杂零件的加工工艺。
4. 学会复杂零件加工程序的编制方法。
5. 学会复杂零件的加工方法和质量控制方法。

素质目标

1. 培养协作精神和团队意识。
2. 培养社会生产管理能力。

建议课时分配表

名　　称	课时/节
任务一　方料双面简化功能类零件的加工	12
任务二　圆料双面宏程序类零件的加工	8
合　　计	20

任务一　方料双面简化功能类零件的加工

工作任务

1）方料双面零件数控加工工艺的制订。

2）方料双面简化功能类（会徽，见图 3-1）零件的加工程序编制。

3）方料双面简化功能类（会徽）零件的加工和质量控制。

相关知识

一、数控铣床简化功能指令

1. 镜像功能

（1）功能指令

华中数控系统：G24 建立镜像，G25 取消镜像。

三菱、FANUC 系统：G51. 1 建立镜像，G50. 1 取消镜像。

（2）指令格式

G24（G51. 1）　X __　Y __　Z __

……

G25（G50. 1 ）　X __　Y __　Z __

（3）指令说明

1）建立镜像时由指令后的 X、Y、Z 坐标值指定镜像位置，可以是对称轴、线和点。

2）G24、G25 为模态指令，可相互注销，G25 为缺省值。

3）有刀补时，先镜像，然后进行刀具长度补偿、半径补偿。

2. 旋转功能

（1）功能指令华中数控系统和 FANUC 系统均为：G68 建立旋转，G69 取消旋转。

（2）指令格式

华中数控系统：

G17　G68　X __　Y __　P __

…

G69

G18　G68　X __　Z __　P __

…

G69

G19　G68　Y __　Z __　P __

…

G69

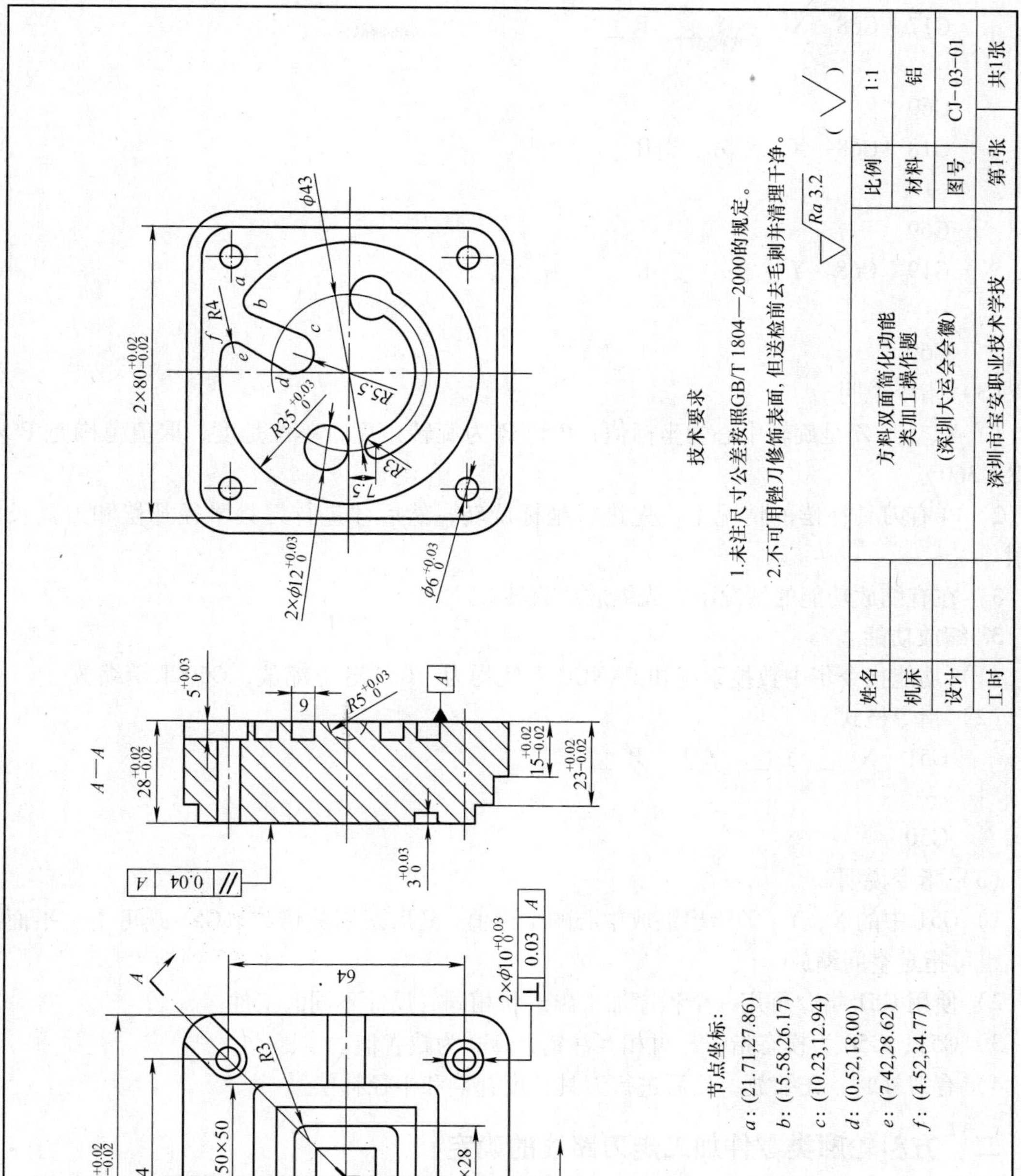
技术要求
1.未注尺寸公差按照GB/T 1804—2000的规定。
2.不可用锉刀修饰表面，但送检前去毛刺并清理干净。
Ra 3.2
节点坐标:
a:(21.71,27.86)
b:(15.58,26.17)
c:(10.23,12.94)
d:(0.52,18.00)
e:(7.42,28.62)
f:(4.52,34.77)
A—A
姓名
机床
设计
工时
方料双面简化功能类加工操作题
(深圳大运会会徽)
深圳市宝安职业技术学校
比例 1:1
材料 铝
图号 CJ-03-01
第1张 共1张

图 3-1 会徽零件图

FANUC 数控系统：

G17 G68 X__ Y__ R__

…

G69

G18 G68 X__ Z__ R__

…

G69

G19 G68 Y__ Z__ R__

…

G69

（3）指令说明

1）X、Y、Z 是旋转中心的坐标值；P 和 R 为旋转角度，单位是度，取值范围是 $P>0$ 和 $R\leqslant 360°$。

2）在有刀具补偿的情况下，先进行坐标旋转，然后才进行刀具半径补偿和刀具长度补偿。

3）在有缩放功能的情况下，先缩放后旋转。

3. 缩放功能

（1）功能指令华中数控系统和 FANUC 系统均为：G51 建立缩放，G50 取消缩放。

（2）指令格式

G51 X__ Y__ Z__ P__

…

G50

（3）指令说明

1）G51 中的 X、Y、Z 给出缩放中心的坐标值，P 后跟缩放倍数。G51 既可指定平面缩放，也可指定空间缩放。

2）使用 G51 指令可用一个程序加工出形状相同、尺寸不同的工件。

3）G51、G50 为模态指令，可相互注销，G50 为缺省值。

4）有刀补时，先缩放，然后进行刀具长度补偿和半径补偿。

二、方料轮廓类零件加工走刀路线的确定

加工路线是指刀具刀位点相对于工件运动的轨迹和方向。走刀路线就是刀具在整个加工工序中的运动轨迹，它不但包括了工步的内容，也反映出工步顺序。走刀路线是编写程序的依据之一。

1. 确定走刀路线的原则

最终轮廓一次走刀完成，要保证被加工零件的尺寸精度和表面粗糙度。为保证工件轮廓表面加工后的精度和表面粗糙度要求，最终轮廓应安排在最后一次走刀中连续加工出来。图 3-2a 所示为用行切方式加工内腔的走刀路线，这种走刀能切除内腔中的全部余量，不留死角，不伤轮廓。由于行切法将在两次走刀的起点和终点间留下残留高度，从而达不到要求的表面粗糙度值。如采用图 3-2b 所示的走刀路线，先用行切法，最后沿周向环

切一刀，光整轮廓表面，能获得较好的效果。图 3-2c 所示也是一种较好的走刀路线方式。

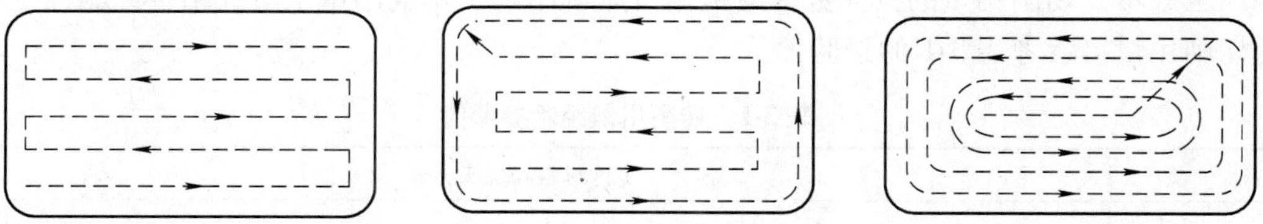

a) b) c)

图 3-2 铣削内腔走刀路线示意图

2. 选择切入切出方向

考虑刀具的进、退刀（切入、切出）路线时，刀具的切出或切入点应在沿零件轮廓的切线上，以保证工件轮廓光滑，应避免在工件轮廓面上垂直上、下刀而划伤工件表面；尽量减少在轮廓加工切削过程中的暂停（切削力突然变化造成弹性变形），以免留下刀痕，如图 3-3 所示。

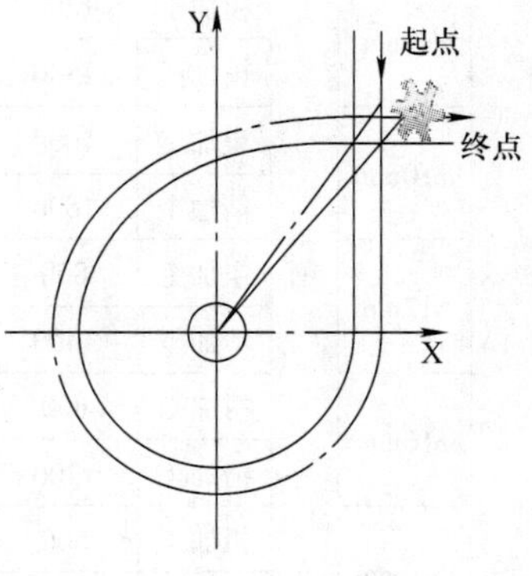

图 3-3 刀具切入和切出时的外延

3. 选择下刀方式

加工平面轮廓工件时，数控铣削一般采用分层切削，加工中从工件上一切削层进入下一层时要求铣刀沿轴向切削。因为刀具本身制造工艺的需要，在立铣刀的端面上钻有中心孔，这就妨碍了立铣刀的钻孔功能，一般要求其一次钻孔深度不大于 0.5mm。所以当工件加工的边界敞开时，应从工件坯料的边界外下刀和进刀、退刀。当加工工件内廓时，立铣刀需沿其轴线方向下刀，切入工件实体，此时要考虑刀具如何切入工件（下刀方式）以及切入位置（下刀点）。常用的下刀方式有三种：

1）斜插式下刀。按具有斜度的走刀路线切入工件，在工件的两个切削层之间，刀具从上一层的高度沿斜线切入到工件下一层位置。其过程要控制好节距，即每沿水平走一个刀径长，背吃刀量应小于 1mm。

2）螺旋式下刀。按螺旋线的路线切入工件，刀具从上一层的高度沿螺旋线切入工件到下一层位置，螺旋线半径尽量取大一些，这样切入的效果会更好。

3）预制孔下刀。立铣刀的轴向沿预制孔引入工件，然后从刀具径向切入工件。

加工时，应选择工件加工变形最小的走刀路线。对横截面积小的细长零件或薄板零件，应采用分几次走刀加工到最后尺寸或对称去除余量法安排走刀路线。安排工步时，应先安排对工件刚性破坏较小的工步。

三、切削用量和切削液的选择

1. 切削用量

切削用量包括主轴转速（切削速度）、切削深度或宽度、进给速度（进给量）等。对于不同的加工方法，需选择不同的切削用量，并应将其编入程序单内。

合理选择切削用量的原则主要有两点：粗加工时，一般以提高生产率为主，但也考虑经济性和加工成本；半精加工和精加工时，应在保证加工质量的前提下，兼顾切削效率、经济性和加工成本。切削用量的具体数值应根据机床说明书、切削用量手册并结合经验而定，本书的切削用量可参考表 3-1 的经验值。

表 3-1 切削用量经验参考值

刀具			工件材料和加工方式								
			钢材					铝材			
刀具类型		刀具材质	加工方式	转速 n/(r/min)	进给速度 v_f/(mm/min)	切削深度或步距 D/mm	单边余量 d/mm	转速 n/(r/min)	进给速度 v_f/(mm/min)	切削深度或步距 D/mm	单边余量 d/mm
立铣刀	ϕ6mm	高速钢	粗加工	1600	200~300	0.3~0.5	0.5	2500	400~500	0.5~0.8	0.5
			精加工	2000	300	0.1~0.3	0	2500	400	0.1~0.3	0
	ϕ8mm		粗加工	1200	400~500	0.3~0.5	0.5	2200	600~700	0.8~1	0.5
			精加工	1800	300	0.1~0.3	0	2500	400	0.1~0.3	0
	ϕ10mm		粗加工	1000	500~600	0.5~0.6	0.5	1800	700~800	1~1.5	0.5
			精加工	1600	300	0.1~0.3	0	2000	400	0.1~0.3	0
	ϕ12mm		粗加工	800	600~700	0.6~0.8	0.5	1600	800~900	1~1.5	0.5
			精加工	1400	300	0.1~0.3	0	1800	400	0.1~0.3	0
	ϕ16mm		粗加工	600	700~800	0.8~1	0.5	1200	800~900	1.5~2	0.5
			精加工	1200	300	0.1~0.3	0	1500	400	0.1~0.3	0
	ϕ20mm		粗加工	500	800~1000	1~2	0.5	1000	700~800	2	0.5
			精加工	1000	250	0.1~0.3	0	1200	400	0.1~0.3	0
	ϕ6mm	硬质合金	粗加工	3500	400~500	0.3~0.5	0.5	4500	600~700	0.5~0.8	0.5
			精加工	4000	500	0.1~0.3	0	5000	600	0.1~0.3	0
	ϕ8mm		粗加工	3200	600~700	0.5~0.6	0.5	4000	800~900	1~1.5	0.5
			精加工	3500	500	0.1~0.3	0	4500	500	0.1~0.3	0
	ϕ10mm		粗加工	2800	800~900	0.6~0.8	0.5	3500	1000~1200	1~1.5	0.5
			精加工	3000	400	0.1~0.3	0	4000	500	0.1~0.3	0
	ϕ12mm		粗加工	2500	800~1000	0.8~1	0.5	3000	1200~1300	1.5~2	0.5
			精加工	2800	400	0.1~0.3	0	3500	400	0.1~0.3	0
	ϕ16mm		粗加工	2200	1000~1200	1~1.5	0.5	2500	1300~1400	2	0.5
			精加工	2500	400	0.1~0.3	0	3000	400	0.1~0.3	0
	ϕ20mm		粗加工	2000	1200~1300	1.5~2	0.5	2200	1400~1500	2	0.5
			精加工	2200	400	0.1~0.3	0	2500	400	0.1~0.3	0
球头铣刀	R3mm	高速钢	粗加工	3000	700~800	0.2	0.3	3500	700~800	0.2	0.3
			精加工	3000	600~700	0.15	0	3500	700~800	0.15	0
	R4mm		粗加工	2700	800~900	0.3	0.3	3200	900~1000	0.3	0.3
			精加工	2700	800~900	0.2	0	3200	800~900	0.2	0

（续）

刀具			工件材料和加工方式								
刀具类型		刀具材质	加工方式	钢材				铝材			
				转速 n/（r/min）	进给速度 v_f/（mm/min）	切削深度或步距 D/mm	单边余量 d/mm	转速 n/（r/min）	进给速度 v_f/（mm/min）	切削深度或步距 D/mm	单边余量 d/mm
球头铣刀	R5mm	高速钢	粗加工	2500	900～1000	0.4	0.3	2800	1000～1100	0.4	0.3
			精加工	2500	700～800	0.25	0	3000	800～900	0.25	0
	R6mm		粗加工	2200	1100～1200	0.5	0.3	2500	1100～1200	0.5	0.3
			精加工	2500	700～800	0.3	0	2500	700～800	0.3	0
	R8mm		粗加工	2000	1200～1300	0.6	0.3	2200	1200～1300	0.6	0.3
			精加工	2500	700～800	0.3	0	2500	700～800	0.3	0
	R10mm		粗加工	1600	1300～1500	0.8	0.3	2000	1300～1500	0.8	0.3
			精加工	2500	700～800	0.3	0	2500	700～800	0.3	0
	R3mm	硬质合金	粗加工	3800	600～700	0.2	0.3	4000	800～1000	0.2	0.3
			精加工	3800	600～700	0.15	0	4500	700～800	0.15	0
	R4mm		粗加工	3500	800～900	0.3	0.3	3800	1000～1200	0.3	0.3
			精加工	3500	600～700	0.2	0	4000	900～1000	0.2	0
	R5mm		粗加工	3200	900～1000	0.4	0.3	3500	1200～1400	0.4	0.3
			精加工	3200	700～800	0.25	0	3500	900～1000	0.25	0
	R6mm		粗加工	2800	1000～1100	0.5	0.3	3000	1400～1600	0.5	0.3
			精加工	2800	700～800	0.3	0	3000	800～1000	0.3	0
	R8mm		粗加工	2500	1100～1200	0.6	0.3	2800	1600～1800	0.6	0.3
			精加工	2500	700～800	0.3	0	3000	800～1000	0.3	0
	R10mm		粗加工	2000	1200～1300	0.8	0.3	2500	1800～2000	0.8	0.3
			精加工	2500	700～800	0.3	0	2500	700～800	0.3	0
钻头	φ3mm	高速钢	粗加工	1000	50	0	0	1200	60	0	0
	φ6mm		粗加工	800	40	0	0	1000	60	0	0
	φ8mm		粗加工	700	50	0	0	800	80	0	0
	φ10mm		粗加工	600	60	0	0	700	100	0	0
	φ12mm		粗加工	500	80	0	0	600	120	0	0
铰头	φ6mm	高速钢	精加工	300	40	0.1～0.2	0	400	45	0.1～0.2	0
	φ8mm		精加工	250	35	0.1～0.2	0	350	40	0.1～0.2	0
	φ10mm		精加工	250	30	0.1～0.2	0	300	30	0.1～0.2	0
	φ12mm		精加工	200	30	0.1～0.2	0	300	30	0.1～0.2	0

（1）吃刀量　吃刀量分为端铣的背吃刀量 a_p 和圆周铣的侧吃刀量 a_e 两种。按吃刀量划分，铣削加工分为粗铣、半精铣和精铣。经机床动力校核，在机床动力足够和工艺系统刚度许可的条件下，应选取尽可能大的吃刀量。一般应用情况下可参考如下数值：

粗铣吃刀量一般为0.5～2mm；

半精铣吃刀量一般为0.2～0.8mm；

精铣的吃刀量一般为0.1～0.3mm。

（2）进给速度　进给速度 v_f 与每齿进给量 f_z 有关，$v_f = nf_z z$。

粗加工时，每齿进给量 f_z 的选取主要决定于工件材料的力学性能、刀具材料和铣刀类型。工件材料强度和硬度越高，选取的 f_z 越小，反之则越大；同一类型的铣刀，采用硬质合金材料的铣刀每齿进给量 f_z 应大于高速钢铣刀；而对于面铣刀、圆柱铣刀和立铣刀，由于其刀齿强度不同，每齿进给量 f_z 值的选取按面铣刀→圆柱铣刀→立铣刀的排列顺序依次递减。

精加工时，每齿进给量 f_z 的选取要考虑工件表面粗糙度的要求。表面粗糙度值越小，每齿进给量 f_z 越小。

（3）切削速度　切削速度的选定原则是：切削速度值的大小与刀具吃刀量、每齿进给量、刀具齿数、刀具寿命成反比，与铣刀直径成正比，此外切削速度还与工件材料、刀具材料、铣刀材料、加工条件等因素有关。主轴转速、切削速度和刀具直径的关系为

$$n = 1000v_c/(3.14D)$$

表3-2为铣削速度 v_c 的推荐范围值，可供参考。一般情况下，每齿进给量 f_z 和切削速度 v_c 可从有关金属切削工艺手册中查出。

表3-2　铣削速度 v_c 的推荐范围值　（单位：m/min）

工件材料	刀具材料	
	硬质合金	高速钢
20钢	150～190	20～45
45钢	120～150	20～35
40Cr调质	60～90	15～25
灰铸铁	70～100	14～22
黄铜	120～200	30～60
铝合金	400～600	112～300
不锈钢	50～100	16～25

2. 切削液

切削液的选择除了取决于切削液本身的特性，还取决于工件材料、刀具材料和加工方法等因素，选择时应综合考虑。一般来说，切削液具有油基和水基的特性，油基切削液的润滑性能好，水基切削液的冷却性能好，而乳化液既具有一定的润滑性和防锈性，又有一定的冷却性和清洗性，但是容易产生微生物而发生分解变质。选择切削液时，主要从以下几个方面考虑。

（1）根据工件材料选择

1）对于难加工的材料应选用活性高、含抗磨剂、极压添加剂的切削液。

2）对于容易加工的材料则选用不含极压添加剂的切削液。

3）切削有色金属和轻金属，切削力和切削温度都不高，可选用矿物油和高浓度乳化液。

4）切削合金钢时，如果切削量较少、表面粗糙度值要求较低（如拉削以及螺纹切削），需要选择具有优异润滑性能的切削液，可选用极压切削油和高浓度乳化液。

5）切削铸铁与青铜等脆性材料时，切削中常形成崩碎的切屑，这些切屑容易随切削液到处流动，如流入机床导轨之间会造成部件的损坏，此时可选用冷却和清洗性能好的低浓度乳化液。

（2）根据工艺方法选择

1）较高切削速度的粗加工中，要求切削液具有良好的冷却性能，这时应选用水基切削液以及低浓度乳化液。

2）在一些精密的高强度加工中，需要切削液具有优异的润滑性能，可选用极压切削油和高浓度乳化液。

（3）根据刀具材料选择

1）高速钢刀具。高速钢粗切削时，切削量大，产生大量的切削热，为避免工件烧伤而影响加工质量，应采用冷却性好的水基切削液；高速钢刀具进行中、低速的精加工时，为减小刀具和工件的摩擦粘结，抑制积屑瘤的生成，提高加工精度，一般采用油基切削液或高浓度乳化液。

2）硬质合金刀具。此类刀具熔点和硬度较高，化学和热稳定性较好，切削和耐磨性能比高速钢刀具要好得多，在一般的加工中可使用油基切削液；如果是重切削时，切削温度很高，容易极快磨损刀具，此时应使用流量充足的冷却润滑液，以 3% ~5% 的乳化液为宜（采用喷雾冷却，效果更好）。

3）陶瓷刀具、金刚石刀具、立方氮化硼刀具。这些刀具的硬度和耐磨性较高，切削时一般不使用切削液，有时也可使用水基切削液。

（4）根据机床要求选择　选择切削液时，必须要考虑到机床结构是否适应。一般要按照机床说明书规定的切削液品种选用，如没有特殊理由不要轻易更改，以免导致机床损坏。

（5）根据经济效益选择　选择切削液必须进行综合的经济分析，正确评价切削液的经济效益。切削液的费用大致有：购买切削液的费用、切削液的管理费用、切削刀具的耗损费、生产率的提高、切削液的使用周期、切削液的废弃处理费用等诸多方面。在加工产品的总费用里，购买切削液的费用只占很小一部分，正确地选用切削液可改善产品质量和操作环境，提高加工效率，延长刀具的寿命，减少切削液补充、管理的费用从而带来显著的经济效益。如果切削液选用不当，会产生相反的效果，所以需要在选用切削液时进行综合的经济分析。

（6）其他方面的考虑　如果选用了油基切削液，就需要强调防火安全性；如果选用了水基切削液，就应考虑切削液的排放问题。企业应备有废液处理设施，并采取相应的处理措施。另外，还应遵循安全卫生法、消防法、污水排放法等法规的相关规定。

任务实施

一、目的及要求

1）了解数控铣床简化功能和宏程序编程的作用。
2）学会用数控铣床镜像、旋转、缩放功能编程与加工。
3）学会数控铣床宏程序编程的结构编写方法。
4）掌握方料双面数控加工工艺的制订方法。
5）掌握方料双面简化功能类零件的程序编制方法。
6）学会方料双面简化功能类零件的加工和质量控制方法。

二、设备及器材

本任务所需的设备和器材见表 3-3。

表 3-3　设备和器材

项　目	名　称	规　格	数　量
设备	数控铣床	华中系统	8～10 台
夹具	机用虎钳	20mm	8～10 台
刀具	立铣刀	ϕ20mm、ϕ6mm	各 8～10 把
	球头铣刀	R8mm	8～10 把
	铰刀	ϕ6mm	8～10 把
	钻头	ϕ5.6mm	8～10 个
量具	游标卡尺	150mm	8～10 把
	百分表	0.02	8～10 只
工具	分中棒	机械式	8～10 把
	对刀仪或对刀棒		8～10
其他	锉刀、毛刷、扳手、平行板、胶锤等	配套	一批

三、内容与步骤

1. 分析零件图，制订简化功能类零件的数控加工工艺

（1）零件图工艺分析　会徽的结构不算复杂，主要特征为二维轮廓，正反两面加工。会徽背面的轮廓在几何上严格按对称、旋转变换而来，所以用到了数控铣床简化加工指令，可以提高效率，钻孔和锪孔也可灵活运用这几条指令加以简化手动编程。工件的材料为工业铝材，具有良好的可加工性，一般高速钢材料的刀具即可满足加工要求。四孔的尺寸精度要求较高，钻孔后需要铰孔。正面属于外形轮廓加工为主，铣孔和 U 形槽采用斜插下刀方式可改善刀具的寿命与切削性能。

（2）确定装夹方案　由于该零件毛坯结构为长方体，选用机用虎钳装夹，先加工会徽背面，第二次装夹时用铜片保护好已加工表面，再加工会徽正面的所有加工要素。

（3）确定加工顺序及刀具选择

1）会徽背面的加工顺序：铣会徽背面平面→铣外形轮廓→钻中心孔→钻通孔→锪孔→铣开口槽→铣方形槽和圆形内轮廓→铣方形岛屿。

2）会徽正面的加工顺序：铣会徽正面平面→铣方形外轮廓→圆形外轮廓→会徽外轮廓→铣孔→铣 U 形槽。

具体加工顺序及刀具选择见表 3-4。

表 3-4　加工会徽的加工顺序及刀具选择

会徽背面的加工顺序及刀具选择				
程序号	刀具直径/mm	类型	材料	加工内容
O1	ϕ20	立铣刀	高速钢	加工平面，深度 1mm
O2	ϕ20	立铣刀	高速钢	铣外形轮廓，深度 21mm
O3	A3	中心钻	高速钢	钻中心孔
O4	ϕ5.6	钻头	高速钢	钻四个通孔
O5	ϕ6	铰刀	高速钢	铰四个通孔
O6	ϕ6	立铣刀	高速钢	粗、精加工沉孔，开口槽，深度 5mm
O7	ϕ6	立铣刀	高速钢	粗、精加工两方形槽和圆形内轮廓，深度 5mm
O8	*R*5	球头铣刀	高速钢	粗、精加工半球形槽
会徽正面的加工顺序及刀具选择				
O9	ϕ20	立铣刀	高速钢	加工平面，确保总高尺寸合格
O10	ϕ20	立铣刀	高速钢	粗、精加工 80mm × 80mm 外形轮廓，深度 10mm
O11	ϕ20	立铣刀	工具钢	粗加工 ϕ70mm 外圆轮廓，深度 5mm
O12	ϕ6	立铣刀	高速钢	粗、精加工 U 形外轮廓
O13	ϕ6	立铣刀	高速钢	粗、精加工 ϕ12mm 孔，深度 5mm
O14	ϕ6	立铣刀	高速钢	粗、精加工 U 形槽，深度 5mm

2. 编写零件加工程序

（1）平面加工　图 3-4 所示为铣平面编程示意图，图 3-5 所示为平面加工零件示意图，其加工程序见表 3-5。

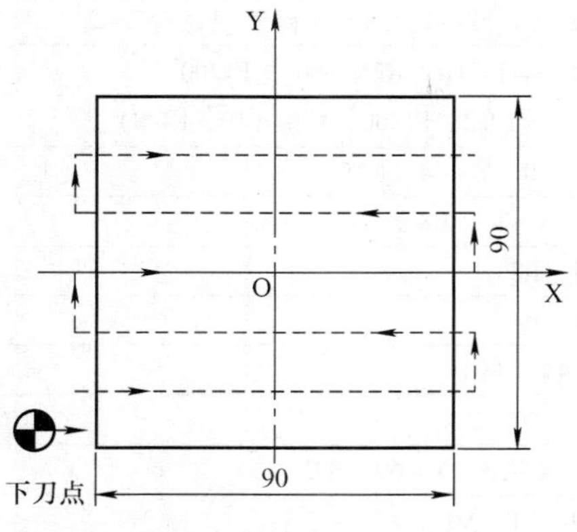

图 3-4　铣平面编程示意图

图 3-5　平面加工零件示意图

表 3-5 平面加工的加工程序

程序号	O1（ϕ20mm 立铣刀）
%1（主程序）	%2000（子程序）
G54 G90 G21 G0 Z100	G91 G1 X120 F500
M3 S2000	Y15
M8	X-120
G0 X-60 Y-45	Y15
G1 Z-1 F400	M99
M98 P2000 L3	
G90 G0 Z100	
M5 M9	
M30	

（2）粗、精加工外轮廓 图 3-6 所示为外轮廓加工编程示意图，图 3-7 所示为外轮廓加工零件示意图，其加工程序见表 3-6。

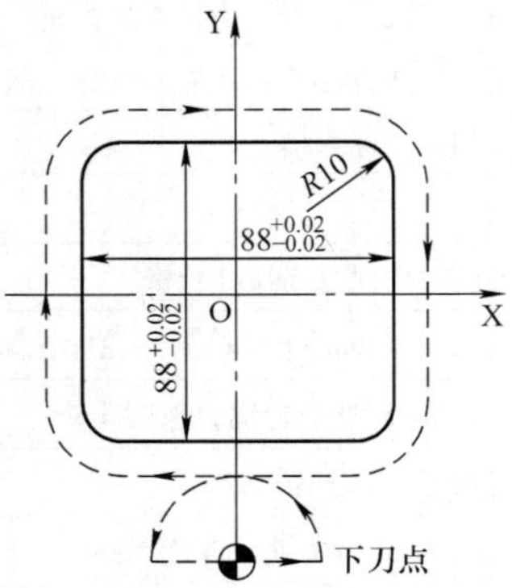

图 3-6 外轮廓加工编程示意图

图 3-7 外轮廓加工零件示意图

表 3-6 外轮廓加工的加工程序

程序号	O2（ϕ20mm 立铣刀）
%2（主程序）	%2000（子程序）
G54 G90 G21 G0 Z100	G91 G1 Z-1 F500（粗 Z-1；精 Z-21）
M3 S2000（粗 S2000；精 S2500）	G90 G41 G1 X25 D01 F1200 （粗 D=10.2，F1200；精 D=10，F400）
M8	G3 X0 Y-44 R25
G0 X0 Y-69	G1 X-44 R8
G1 Z5 F400	Y44 R8
M98 P2000 L21（粗 L12；精 L1）	X44 R8
G90 G0 Z100	Y-44 R8
M5 M9	X0
M30	G3 X-25 Y-69 R25
	G40 G1 X0
	M99

（3）钻中心孔　编程示意图参考图3-8，其加工程序见表3-7。

表3-7　钻中心孔的加工程序

程序号	O3（A3中心钻）
%3	X32　Y32
G54　G90　G21　G0　Z100	X－32　Y32
M3　S500	X－32　Y－32
M8	G80
G0　X32　Y－32	M5　M9
G98　G81　X32　Y－32　Z－2.5　R5　F50	M30

（4）钻通孔　编程示意图参考图3-8，其加工程序见表3-8。

表3-8　钻通孔的加工程序

程序号	O4（ϕ5.6mm钻头）
%4	
G54　G90　G21　G0　Z100	X－32　Y32
M3　S600	X－32　Y－32
M8	G80
G0　X32　Y－32	M5　M9
G98　G83　X32　Y－32　Z－35　R5　Q－2.5　P1　K1　F60	M30
X32　Y32	

（5）铰孔　图3-8所示为铰孔编程示意图，图3-9所示为铰孔零件示意图，其加工程序见表3-9。

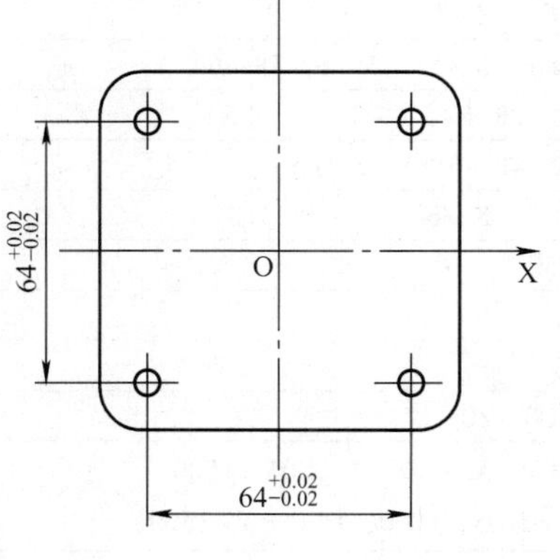

图3-8　铰孔编程示意图

图3-9　铰孔零件示意图

表 3-9 铰孔的加工程序

程序号	O5（ϕ6mm 铰刀）
%5	
G54 G90 G21 G0 Z100	X-32 Y32
M3 S300	X-32 Y-32
M8	G80
G0 X32 Y-32	M5 M9
G98 G81 X32 Y-32 Z-35 R5 F30	M30
X32 Y32	

（6）沉孔、开口槽加工 图 3-10 所示为沉孔、开口槽编程示意图，图 3-11 所示为沉孔、开口槽零件示意图，其加工程序见表 3-10。

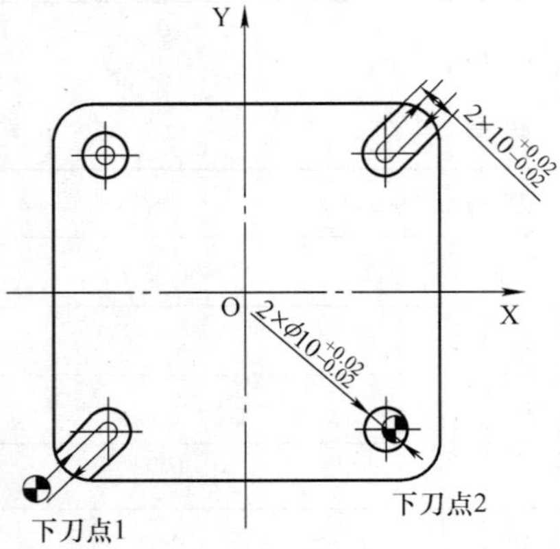

图 3-10 沉孔、开口槽编程示意图

图 3-11 沉孔、开口槽零件示意图

表 3-10 沉孔、开口槽的加工程序

程序号	O6（ϕ6mm 铣刀）
%8	%2011
G54 G90 G21 G0 Z100	G90 G0 Z0
G17 G68 X0 Y0 P180	G41 G1 X-55.45 Y-48.46 D01 F500 （粗 D=3.05，F600；精 D=3，F500）
M3 S32000（粗 S3200；精 S3500）	G91 G1 Z-1
M8	G90 G1 X-35.45 Y-28.46
G0 X-60 Y-60	G3 X-28.46 Y-35.45 R5
M98 P2011 L5	G1 X-48.46 Y-55.45
X30 Y-32	G0 G40 X-60 Y-60
M98 P2012 L5	G0 Z50
G69	M99
G0 Z50	%2012
M5 M9	G90 G0 Z0
M30	G41 G1 X34 Z-1 D01 F500 （粗 D=3.05，F600；精 D=3，F500）
	G90 G2 I-5
	G40 G1 X30
	M99

（7）粗、精加工回形凹槽　图3-12所示为回形凹槽编程示意图，图3-13所示为回形凹槽零件示意图，其加工程序见表3-11。

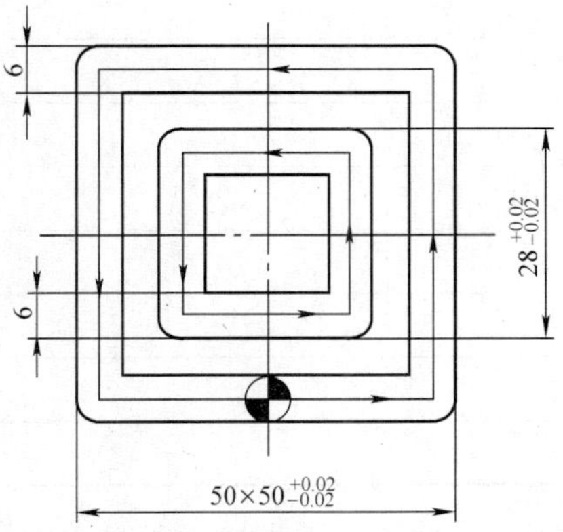

图3-12　回形凹槽编程示意图

图3-13　回形凹槽零件示意图

表3-11　粗、精加工回形凹槽的加工程序

程序号	O7（ϕ6mm 铣刀）
%16	%2000
G54　G90　G21　G0　Z100	G91　G1　X10　Z－1　F500
G51　X0　Y0　Z0　P0.5	G90　G1　X22　F800
M3　S2000	Y22
M8	X－22
G0　X　0Y－22	Y－22
G1　Z0　F400	X15
M98　P2000　L5	X0
G90　G0　Z100	M99
G50	
M5	
M9	
M30	

（8）球面槽加工　图3-14所示为球面槽编程示意图，图3-15所示为球面槽零件示意图，其加工程序见表3-12。

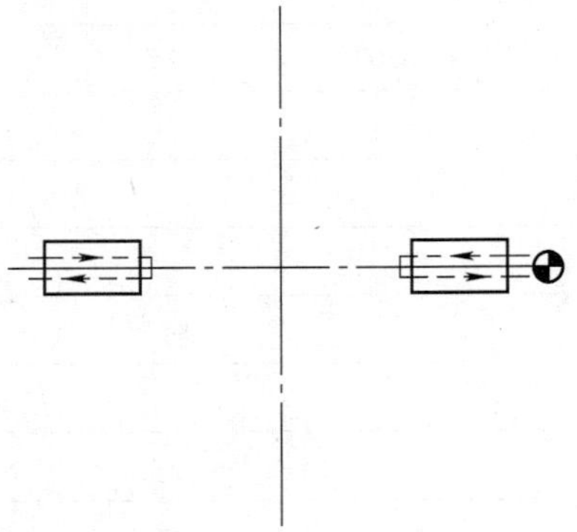

图3-14　球面槽编程示意图

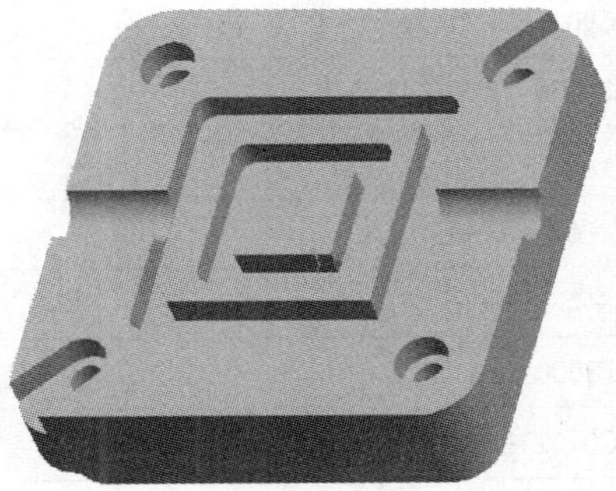

图3-15　球面槽零件示意图

表 3-12 球面槽的加工程序

程序号	O8（ϕ6mm 铣刀）
%8	
G54 G90 G21 G0 Z100	Z－5
G24 X0	X60 F500
M3 S2200	G0 Z100
M8	G25 X0
G0 X60 Y0	M5
G1 Z－4 F100	M9
X20	M30

（9）会徽正面平面加工，确保总高尺寸合格 图 3-16 所示为正平面编程示意图，图 3-17 所示为正平面零件示意图，其加工程序见表 3-13。

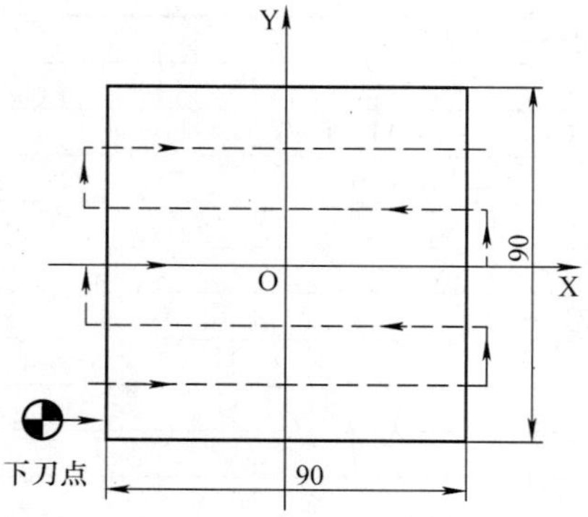

图 3-16 正平面编程示意图

图 3-17 正平面零件示意图

表 3-13 正平面加工的加工程序

程序号	O9（ϕ20mm 立铣刀）
%9（主程序）	%2000（子程序）
G54 G90 G21 G0 Z100	G91 G1 X120 F500
M3 S2000	Y15
M8	X－120
G0 X－60 Y－45	Y15
G1 Z－1 F400	M99
M98 P2000 L3	
G90 G0 Z100	
M5 M9	
M30	

（10）方形外轮廓加工　图3-18所示为方形外轮廓编程示意图，图3-19所示为方形外轮廓零件示意图，其加工程序见表3-14。

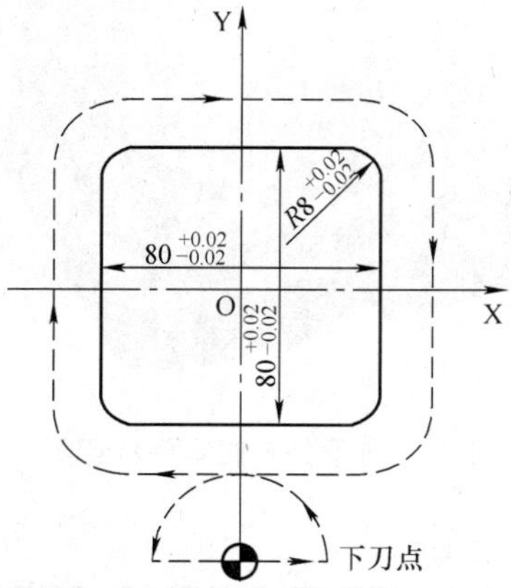

图3-18　方形外轮廓编程示意图

图3-19　方形外轮廓零件示意图

表3-14　方形外轮廓的加工程序

程序号	O10（ϕ20mm立铣刀）
%10	%2000
G54　G90　G21　G0　Z100	G91　G1　Z-1　F500（粗Z-1；精Z-5）
M3　S2000（粗S2000；精S2500）	G90　G41　G1　X25　D01　F1200 （粗D=10.2，F1200；精D=10，F400）
M8	G3　X0　Y-40　R25
G0　X0　Y-65	G1　X-40　R8
G1　Z5　F400	Y40　R8
M98　P2000　L5（粗L5；精L1）	X40　R8
G90　G0　Z100	Y-40　R8
M5　M9	X0
M30	G3　X-25　Y-65　R25
	G40　G1　X0
	M99

（11）圆形外轮廓粗加工　图3-20所示为圆形外轮廓编程示意图，图3-21所示为圆形外轮廓零件示意图，其加工程序见表3-15。

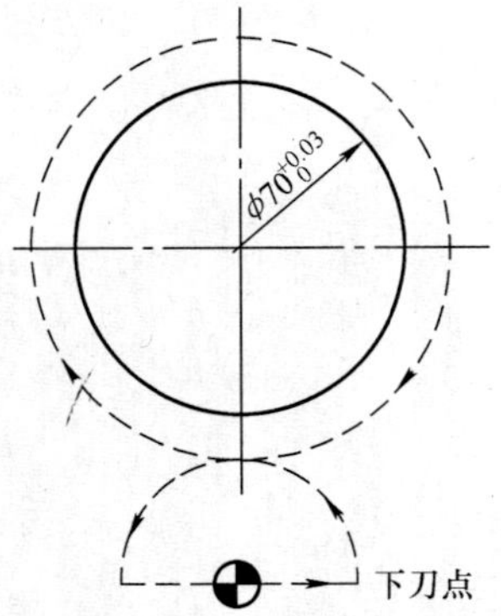

图 3-20 圆形外轮廓编程示意图

图 3-21 圆形外轮廓零件示意图

表 3-15 圆形外轮廓粗加工的加工程序

程序号	O11（ϕ20mm 立铣刀）
%11	%2011
G90 G21 G54 G64	G91 G1Z-1 F400
M3 S3200	G90 G41 G1X-25 D01 F600（粗 D=10.2）
M8	G3 X-35 Y0 R25
G0 Z50	G2 J35
X-60 Y0	G3 X-25 Y-65 R25
M98 P2011 L5	G40 G1 X0
G0 Z100	M99
M30	

（12）会徽 U 形外轮廓的粗、精加工 图 3-22 所示为会徽 U 形外轮廓编程示意图，图 3-23 所示为会徽 U 形外轮廓零件示意图，其加工程序见表 3-16。

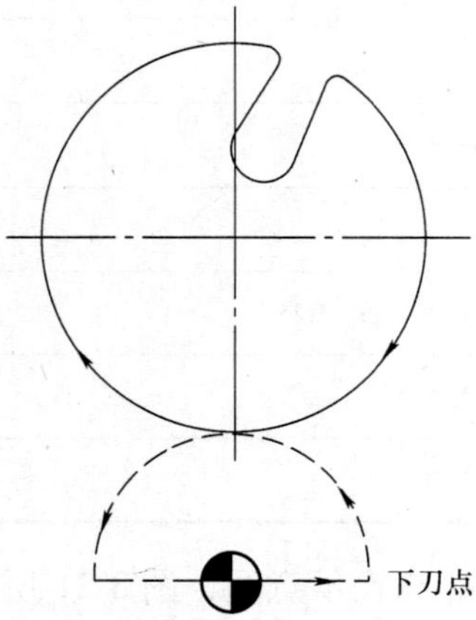

图 3-22 会徽 U 形外轮廓编程示意图

图 3-23 会徽 U 形外轮廓零件示意图

表 3-16　会徽 U 形外轮廓粗、精加工的加工程序

程序号	O12（ϕ6mm 立铣刀）
%12	%2011
G90　G21　G54　G64　G0　Z50	G91　G1Z－1　F400（粗 Z＝－1，精 Z＝－5）
M3　S3200	G90　G41　G1X－25　D01　F600 （粗 D＝3.2，精 D＝3）
M8	G3　X－35　Y0　R25
X－60　Y0	G2　X4.52　Y34.77　R35
M98　P2011　L1（粗 L5，精 L1）	X7.42　Y28.62　R4
G0　Z100	G1　X0.52　Y18
M30	G3　X10.23　Y12.94　R11
	G1　X15.58　Y26.17
	G2　X21.71　Y27.86　R4
	X0　Y－35　R35
	G3　X－25　Y－65　R25
	G40　G1　X0
	M99

（13）沉孔加工　图 3-24 所示为沉孔编程示意图，图 3-25 所示为沉孔零件示意图，其加工程序见表 3-17。

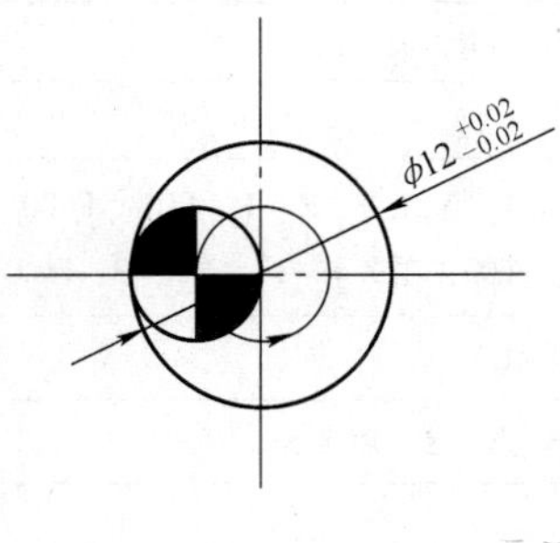

图 3-24　沉孔编程示意图

图 3-25　沉孔零件示意图

表 3-17　沉孔加工的加工程序

程序号	O12（ϕ6mm 立铣刀）
%12	G91　G41　G1　X-26.65　Z-1　D01　F600 （粗 D=3.2，F600，粗 Z=-1；精 D=3，F400，精 Z=-5）
G90　G21　G54　G64	G90　G3　I-6
M3　S2000（粗 S2000，精 S2500）	G1　G40　X-18　Y6
G0　Z50	M99
X-18　Y6	
Z0	
M98　P2011　L5（粗 L5；精 L1）	
G0　Z100	
M30	

（14）会徽 U 形槽粗、精加工　图 3-26 所示为会徽 U 形槽编程示意图，图 3-27 所示为会徽 U 形槽零件示意图，其加工程序见表 3-18。

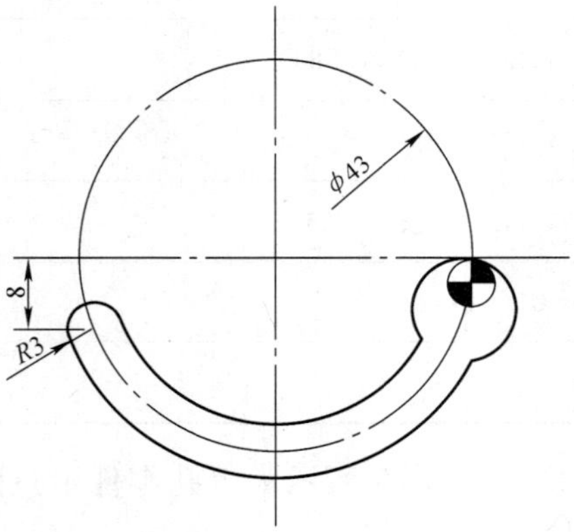

图 3-26　会徽 U 形槽编程示意图

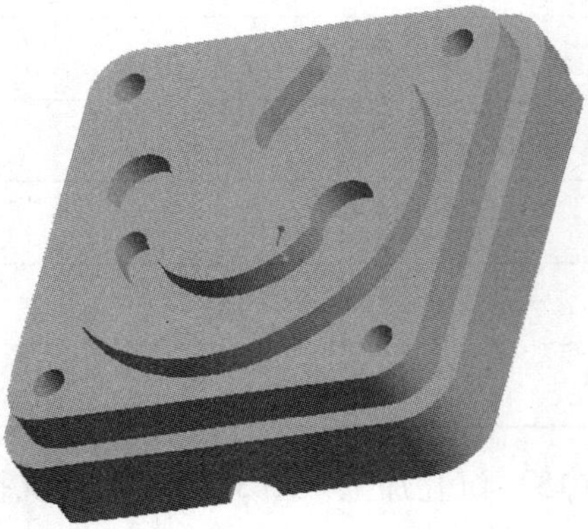

图 3-27　会徽 U 形槽零件示意图

表 3-18　会徽 U 形槽粗、精加工的加工程序

程序号	O12（ϕ6mm 立铣刀）
%12	G0　Z1
G90　G21　G54　G64	G91　G41　G1　X21.5　Z-1　D01　F600 （粗 D=3.4，F600，粗 Z=-1；精 D=3，F400，精 Z=-5）
M3　S2000（粗 S2000，精 S2300）	G90　G3　I-6
G0　Z50	G3　X19.96　Y-8　R21.5
X19　Y-10	G0　Z10
M98　P2011　L3（粗 L3；精 L1）	G0　G40　X19　Y-10
G0　Z100	M99
M30	

工件加工完成效果如图 3-28 所示。

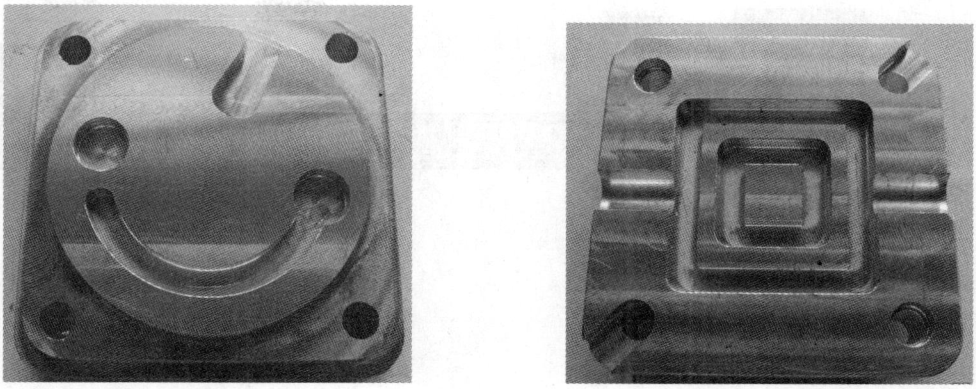

图 3-28　工件成品

3. 操作数控铣床加工零件，并进行零件质量检测

通过项目一的学习，我们已经基本掌握了华中数控系统和 FANUC 数控系统的加工操作技能，在此不再赘述。下面给大家介绍方料双面零件加工的装夹和对刀的操作方法以及零件质量检测的正确方法和手段。

（1）方料双面零件加工的装夹和对刀的操作方法　图 3-29 所示为正反面加工装夹定位示意图，说明如下：

1）装夹方式——采用精密机用虎钳装夹。

2）X、Y 加工原点——采用 X 轴、Y 轴分中处理。

3）Z 加工原点——Z 轴对工件上表面为 0。

对刀的操作参考项目一中的“分中对刀”方法进行操作。

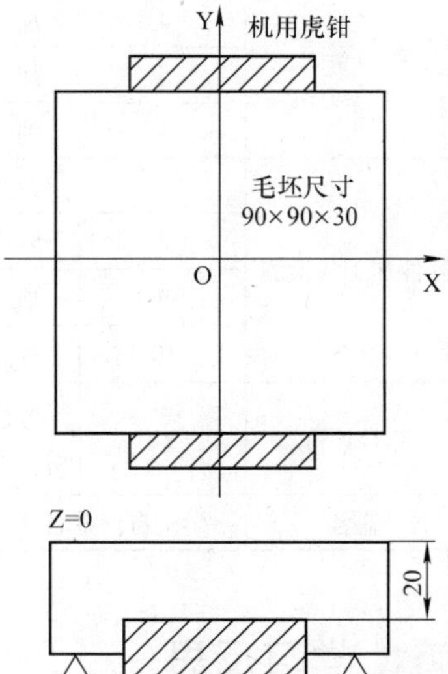

图 3-29　正反面加工装夹定位示意图

（2）零件质量检测的正确方法和手段　游标卡尺是一种结构简单且比较精密的量具，可以直接测量出工作的外形尺寸，如长度、深度和内外径尺寸，此外还可简化测量出两个面积不大平面的平行度，如图 3-30 所示。

游标卡尺的读数步骤是先读出游标零线左面尺身上的整毫米数，再读出游标与尺身对齐刻线处的小数毫米数，最后将两数相加作为测量所得尺寸值。使用过程中应特别注意的是测量前尺身须干净，两量爪贴合后无空隙且游标零刻线与尺身零刻线对齐；测量时测量力使两量爪刚好贴合被测工件表面为宜；测量时适当地晃动一下尺身，防止卡尺歪斜。

考核评价

此任务的考核评价标准见表 3-19。

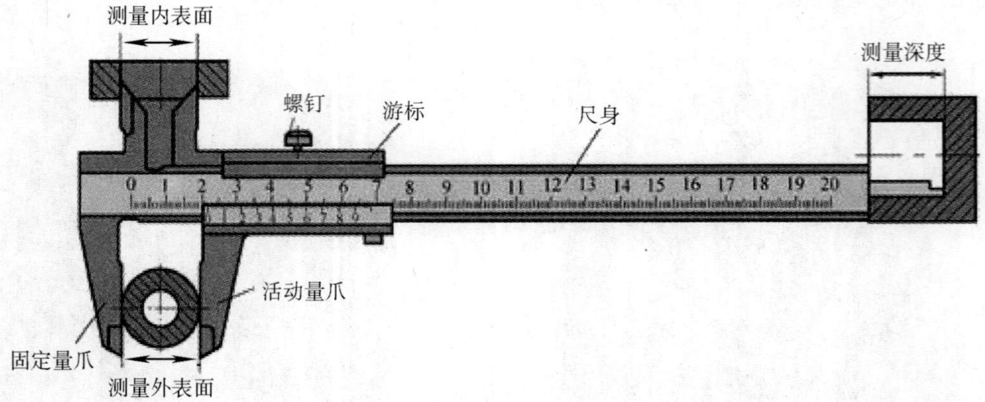

图 3-30 游标卡尺的使用范围

表 3-19 考核评价标准

项 目	序 号	考核内容及要求	学生自评	学生互评	教师评价
零件数控加工工艺的设计	1	装夹方案的合理性			
	2	加工路线和工序划分的合理性			
	3	刀具和切削用量选择的合理性			
编制零件加工程序	4	加工程序下刀方式的正确性			
	5	加工程序刀具切入与切出工件的合理性			
	6	编写程序的正确性和技巧性			
零件加工与检测	7	数控铣床操作的安全性			
	8	解决加工过程中出现的问题			
	9	加工零件的正确性			
	10	检测加工零件的精度			
综合评价	11	考核评价标准：优、良、中、合格、不合格，纪律评价（20%）；考核评价（80%）			
签名	学生自评签名（ ） 学生互评签名（ ） 教师评价签名（ ）				

学习反思

学习完成后反思自己的表现，并将学习中的收获填入表 3-20。

表 3-20 学习收获

类 型	内 容
掌握知识	
掌握技能	
收获体会	
需解决问题	
学生签名	

拓展内容

一、选择适合零件加工的机床

1. 适合数控机床加工的零件

通常，数控机床适合加工的零件特点有：

1）多品种、小批量生产的零件或新产品试制中的零件及短期急需的零件。

2）轮廓形状复杂，对加工精度要求较高的零件。

3）用普通机床加工较困难或无法加工（需昂贵的工艺装备）的零件。

4）价值昂贵，加工中不允许报废的关键零件。

2. 适合普通机床加工的内容

一般来说，上述这些加工内容采用数控加工后，在产品质量、生产率与综合效益等方面都会得到明显提高。相比之下，下列一些内容不宜选择采用数控机床加工：

1）占机调整时间长。如以毛坯的粗基准定位加工第一个精基准，需用专用工装协调的内容。

2）加工部位分散，需要多次安装、设置原点。这时，采用数控加工很麻烦，效果不明显，可安排通用机床加工。

3）按某些特定的制造依据（如样板等）加工的型面轮廓，不能采用数控机床加工的主要原因是获取数据困难，易与检验依据发生矛盾，增加了程序编制的难度。

此外，在选择和决定加工内容时，也要考虑生产批量、生产周期、工序间周转情况等。总之，要尽量做到合理，达到多、快、好、省的目的，要防止把数控机床降格为通用机床使用。

二、高速切削

1. 高速切削的意义

高速加工技术是自20世纪80年代发展起来的一项高新技术，其研究应用的一个重要目标是缩短加工时的切削与非切削时间，对于复杂形状和难加工材料及高硬度材料减少加工工序，最大限度地实现产品的高精度和高质量。由于不同加工工艺和工件材料有不同的切削速度范围，因而很难就高速加工给出一个确切的定义。目前，一般的理解为切削速度达到普通加工切削速度的5~10倍，即可认为是高速加工。

2. 高速切削的研究方向

高速加工作为一种新的技术，其优点是显而易见的，它给传统的数控加工带来了一种革命性的变化。但是，目前即便是在加工机床水平先进的瑞士、德国、日本和美国，对这一崭新技术的研究也还处在不断的摸索研究中，有许多问题有待于解决：如高速机床的动态、热态特性；刀具材料、几何角度和寿命问题；机床与刀具间的接口技术（刀具的动平衡、转矩传输）；切削液的选择；CAD/CAM的程序后处理问题；高速加工时刀具轨迹的优化问题等。国内在这一方面的研究尚处于起步阶段，要赶上并尽快缩小与国外同行业间的差距，还有许多路要走。

思考与练习

一、选择题

1. 华中数控系统中，程序段 G51　X0　Y0　P1000 中，P 指令是________。

A. 子程序号　　B. 缩放比例　　C. 暂停时间　　D. 循环参数

2. 华中数控系统中，取消镜像编程指令是________。

A. G24　　B. G51. 1　　C. G25　　D. M98

3. FANUC 数控系统中，建立缩放编程指令是________。

A. G68　　B. G51　　C. G25　　D. M50. 1

4. 下列关于缩放指令 G51 表述不正确的是________。

A. G51 可指定平面缩放　　B. 可指定空间缩放

C. 有刀补时，先刀补再缩放　　D. G51 为模态指令

5. 切削用量不包括________。

A. 主轴转速　　B. 切削深度　　C. 进给速度　　D. 每齿进给量

二、判断题

(　　) 1. 有刀补时，先镜像，然后进行刀具长度补偿和半径补偿。

(　　) 2. FANUC 系统的建立镜像编程指令是 G24。

(　　) 3. 在有缩放功能的情况下，先旋转后缩放。

(　　) 4. 使用 G51 指令可用一个程序加工出形状相同、尺寸不同的工件。

(　　) 5. 刀具沿零件轮廓的切线切入切出，以保证工件轮廓光滑，应避免在工件轮廓面上垂直上、下刀而划伤工件表面。

三、简答题

1. 缩放、镜像和旋转编程有什么实用意义？和自动编程中用到的同类功能相比，它又有什么优势？

2. 数控铣加工中确定走刀路线的原则是什么？

3. 影响切削液选择的因素有哪些？

任务二　圆料双面宏程序类零件的加工

工作任务

1）数控铣床宏程序编程的基本知识和作用。

2）数控铣床宏程序的简单编程与加工技能。

3）在数控铣床上加工如图 3-31 所示零件。

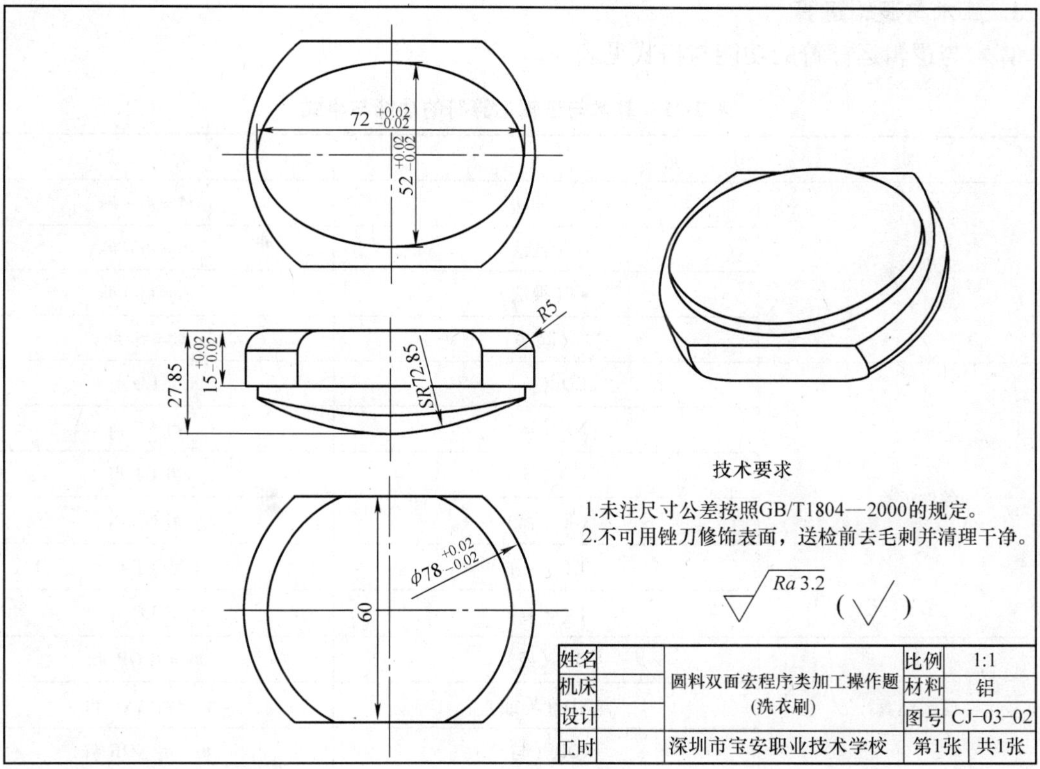

图 3-31　零件图

相关知识

一、宏变量及常量

1. 宏变量

一个宏变量由#符号和变量号组成，利用赋值语句可以把一个数值或表达式的结果传递给一个宏变量。宏变量可以分为局部变量、全局变量和系统变量三类，局部变量的作用范围局限于某一个特定的宏程序，全局变量的作用范围贯穿整个程序过程，系统变量是指机床内部的变量。变量的取值有一定范围，如：

华中数控系统：#0 ~ #49 局部变量；#50 ~ #199 全局（公共）变量。

FANUC 数控系统：#1 ~ #33 局部变量；#100 ~ #199 全局（公共）变量。

2. 常量

数控系统可以使用的宏常量有：圆周率 PI；条件成立 TRUE（真）；条件不成立 FALSE（假）。

3. 宏程序的角度单位

华中数控系统：角度以弧度指定；FANUC 数控系统：角度以度指定。

二、运算符与表达式

1. 算术与逻辑运算

算术与逻辑运算符的功能与格式见表 3-21。

表 3-21 算术与逻辑运算符的功能与格式

功能		格式
算术运算	+（加法）	#i = #j + #k
	-（减法）	#i = #j - #k
	*（乘法）	#i = #j * #k
	/（除法）	#i = #j/#k
条件运算	EQ（=）	#i EQ #j
	NE（≠）	#i NE #j
	GT（>）	#i GT #j
	GE（≥）	#i GE #j
	LT（<）	#i LT #j
	LE（≤）	#i LE #j
逻辑运算	OR（或）	#i = #j OR #k
	AND（异或）	#i = #j AND #k
	XOR（与）	#i = #j XOR #k
函数运算	SIN（正弦）	#i = SIN [#j]
	ASIN（反正弦）	#i = ASIN [#j]
	COS（余弦）	#i = COS [#j]
	ACOS（反余弦）	#i = ACOS [#j]
	TAN（正切）	#i = TAN [#j]
	ATAN（反正切）	#i = ATAN [#j] / [#k]
	SQRT（平方根）	#i = SQRT [#j]
	ABS（绝对值）	#i = ABS [#j]

2. 表达式

用运算符连接起来的常数和宏变量构成表达式。

（1）华中数控系统表达式的格式

例如：175/SQRT［2］ * COS［55 * PI/180］;

#3 * 6 GT 14

（2）FANUC 数控系统表达式的格式

例如：175/SQRT［2］ * COS［55］;

#3 * 6 GT 14

3. 赋值语句

把常数或表达式的值赋给一个宏变量称为赋值，其格式为：宏变量 = 常数或表达式。赋值的原则如下：

1）赋值符号“=”两边的内容不能随意互换，左边只能是变量，右边可以是表达式、数值或变量。

2）一个赋值语句只能给一个变量赋值。

3）可以多次给一个变量赋值，新的变量会取代原来的变量值。

4）赋值语句具有运算功能。

华中数控系统赋值语句的格式：

例如：#2 = 175/SQRT［2］ * COS［55 * PI/180］

#3 = 124.0

FANUC 数控系统赋值语句的格式：

例如：#2 = 175/SQRT［2］ * COS［55］

#3 = 124.0

三、宏程序语句

1. 条件判别语句

华中数控系统和 FANUC 数控系统的条件判别语句见表 3-22。

表 3-22　条件判别语句

<table>
<tr><th colspan="2">华中数控系统</th><th colspan="2">FANUC 数控系统</th></tr>
<tr><td colspan="2">IF　END IF 语句</td><td colspan="2">IF　GOTO n 语句</td></tr>
<tr><td>IF［条件表达式］</td><td rowspan="6">条件满足执行 ENDIF 后面的程序段，条件不满足则执行 IF 后面的程序段</td><td>IF［条件表达式］　GOTO n</td><td rowspan="6">条件满足执行 Nn 后面的程序段，条件不满足就执行 IF 后面的程序段</td></tr>
<tr><td>…………</td><td>…………</td></tr>
<tr><td>…………</td><td>…………</td></tr>
<tr><td>ENDIF</td><td>Nn……</td></tr>
<tr><td>…………</td><td>…………</td></tr>
<tr><td>…………</td><td>…………</td></tr>
</table>

2. 循环语句

华中数控系统和 FANUC 数控系统的循环语句见表 3-23。

表 3-23 循环语句

<table>
<tr><td colspan="2">华中数控系统</td><td colspan="2">FANUC 数控系统</td></tr>
<tr><td colspan="2">WHILE　ENDW 语句</td><td colspan="2">WHILE　DO m　END m 语句</td></tr>
<tr><td>WHILE［条件表达式］</td><td rowspan="6">条件满足执行 WHILE 后面的程序段，条件不满足就执行 ENDW 后面的程序段</td><td>WHILE［条件表达式］
DOm（m=1，2，3）</td><td rowspan="6">条件满足执行 WHILE 后面的程序段，条件不满足就执行 ENDm 后面的程序段</td></tr>
<tr><td>…………</td><td>…………</td></tr>
<tr><td>…………</td><td>…………</td></tr>
<tr><td>ENDW</td><td>END m（m=1，2，3）</td></tr>
<tr><td>…………</td><td>…………</td></tr>
<tr><td>…………</td><td>…………</td></tr>
</table>

四、曲面零件加工的刀具选择与装夹

1. 定位装夹

机械加工中，为了保证工件的位置精度和用调整法获得尺寸精度时，工件相对于机床与刀具必须占有正确的位置，即工件必须定位。工件在夹具中的定位涉及定位原理、定位误差、夹具上采用的定位元件和工件上选用的定位基准等几方面的问题。在定位的原理中已讲到，工件在夹具中的定位实际上是以工件上的定位基（准）面与夹具上定位元件相接触，从而限制工件的自由度。基准的选择是工艺上重要的问题，它不仅影响零件表面间的位置尺寸和位置精度，而且还影响整个工艺过程的安排和夹具的结构。

定位基准有粗基准和精基准之分。零件开始加工时，所有的面均未加工，只能以毛坯面作为定位基准，这种以毛坯面为定位基准的，称为粗基准；以后的加工，必须以加工过的表面作为定位基准，以加工过的表面为定位基准的，称为精基准。在加工中，首先使用的是粗基准，但在选择定位基准时，为了保证零件的加工精度，首先考虑的是选择精基准，精基准选定以后，再考虑合理地选择粗基准。

2. 正确选用刀具

面铣刀主要适用于加工表面，尤其适合加工大面积平面或曲面。它可以用于粗加工，也可以用于精加工。粗加工要求有较高的生产率，即要求有较大的铣削用量，为使粗加工时能取得较大的切削深度，切除较大的余量，粗加工宜选较小的铣刀直径。精加工应能够保证加工精度，要求加工表面粗糙度值要小，应该避免精加工面上的接刀痕迹，所以精加工的铣刀直径要选大些，最好能包容加工面的整个宽度。面铣刀齿数对铣削生产率和加工质量的直接影响如下：

1）齿数越多，同时工作齿数也多，生产率高，铣削过程平稳，加工质量好。

2）直径相同的可转位铣刀根据齿数不同可分为粗齿、细齿和密齿铣刀，见表 3-24。

表 3-24 可转位铣刀直径与齿数的关系

直径/mm 齿数/Z	2 ~ 8	9 ~ 15	16 ~ 28	32 ~ 50	56 ~ 70	80
细齿		6	8	10	10	12
中齿	4	5	6	8		
粗齿	2	4	4	4		

直径/mm 齿数/Z	50	63	80	100	125	160	200	250	315	400	500
粗齿	4				6	8	10	12	16	20	26
细齿				6	8	10	12	16	20	26	34
密齿					12	18	24	32	40	52	

3）粗齿铣刀主要用于粗加工。

4）细齿铣刀用于平稳条件下的铣削加工。

5）密齿铣刀切削时的每齿进给量较小，主要用于薄壁铸铁件的加工。

加工曲面类零件时，为了保证刀具切削刃和加工轮廓在切削点处相切，而避免切削刃与工件轮廓发生干涉，一般选用球头铣刀。粗加工常用两刃铣刀，半精加工和精加工常用四刃铣刀。

任务实施

一、实训目的及要求

1）理解数控铣床宏程序的含义，掌握宏程序的编程方法。

2）宏程序类零件的加工技能训练。

3）正确掌握曲面类零件的加工工艺。

二、实训设备及器材

本任务所需的实训设备与器材见表 3-25。

表 3-25 实训设备与器材

项　目	名　称	规　格	数　量
设备	数控铣床	华中系统	8 ~ 10 台
夹具	机用虎钳	20mm	8 ~ 10 台
刀具	球头铣刀、立铣刀	*R*8mm	8 ~ 10 把
其他	毛刷、扳手、平行板等	配套	一批

三、实训内容与步骤

第一步，根据零件图和技术要求，完成零件加工工艺。

1. 零件分析与刀具选择

图 3-31 所示洗衣刷的零件结构相对简单，最大的加工特点在于曲面的编程与加工，因

其表面粗糙度值要求不是很小，可以选用 *R*8mm 的球头铣刀进行粗、精加工。为提高加工效率，可先用 ϕ20mm 的立铣刀快速切削掉大部分余量和完成平面部分的精加工，具体见表 3-26。

表 3-26 洗衣刷零件的加工顺序和刀具的选择

程序号	刀具直径/mm	类型	材料	加工内容
O1	ϕ20	立铣刀	HSS	加工两平面，深度 10mm
O2	ϕ20	立铣刀	HSS	铣上平面，深度 1mm
O3	*R*5	球头铣刀	HSS	加工 *R*5mm 的倒圆角
O4	ϕ20	立铣刀	HSS	粗、精加工椭圆外轮廓，深度 15mm
O5	ϕ20	立铣刀	HSS	粗加工 *SR*72. 85mm 的球面
O6	*R*5	球头铣刀	HSS	精加工 *SR*72. 85mm 的球面

2. 确定加工顺序和装夹方案

铣相距为 60mm 的两个平行面→铣上平面→铣上端平面→倒 *R*5mm 圆角→铣椭圆轮廓→铣 *SR*72. 85mm 球面。该零件毛坯结构虽然为圆柱体，但是图样要求先加工出两个平行的面，形成一个很好的装夹位，选用机用虎钳一次装夹就可达到要求。

第二步，编写零件宏程序。

1. 加工两平行面

图 3-32 所示为铣平面编程示意图，图 3-33 所示为铣两平面零件示意图，其加工程序见表 3-27。

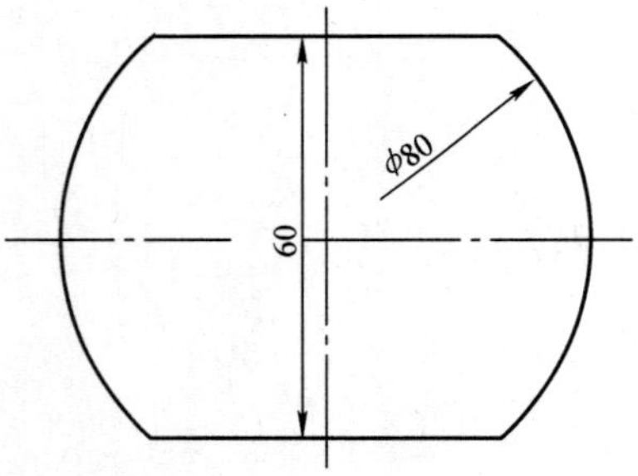

图 3-32 铣平面编程示意图

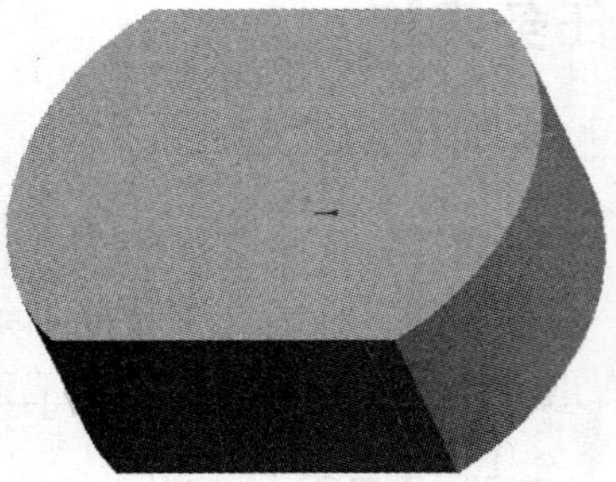

图 3-33 铣两平面零件示意图

表 3-27 加工两平行面的加工程序

程序号	O1	
%1	%2000	%3000
G54 G90 G21 G0 Z100	G91 G1 Z-1 F700	G1 G91 X120 F500
M3 S1000	M98 P3000 L1	Y15
M8	G1 G90 X-60	X-120
G0 X-60 Y-10	Y-10	M99
G1 Z0 F400	M99	
M98 P2000 L10		
G90 G0 Z100		
M5 M9		
M30		

2. 加工上平面

加工上平面的编程示意图和零件示意图参考图 3-32 和图 3-33，其加工程序见表 3-28。

表 3-28　加工上平面的加工程序

程序号	O2
%1	%2000
G54　G90　G21　G0　Z100	G91　G1　X120　F700
M3　S1200	Y15
M8	X－120
G0　X－60　Y－30	Y15
G1　Z－1　F400	M99
M98　P2000　L5	
G90　G0　Z100	
M5　M9	
M30	

3. 加工 *R*5mm 圆角

图 3-34 所示为加工圆角编程示意图，图 3-35 所示为加工圆角零件示意图，其加工程序见表 3-29。

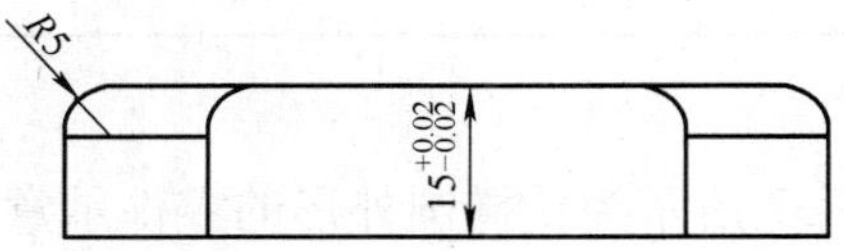

图 3-34　加工圆角编程示意图

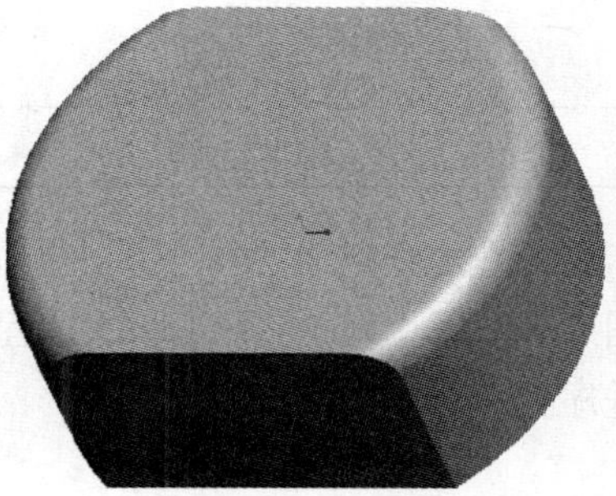

图 3-35　加工圆角零件示意图

表 3-29　加工圆角的加工程序

程序号	O3
%3	程序号
#1 = 5	定义圆角半径
#2 = 5	定义刀具半径
#3 = #1 + #2	刀具中心位置
#4 = 90	起始角度

（续）

程序号	O3
#5 = 0	终止角度
G94 G90 G80 G40 G49 G21 G17	程序初始化
G54 G00 X0 Y0	起刀点
Z30	安全高度
M03 S800	主轴正转、转速 800r/min
WHILE #4GE#5	如果#4≥#5，循环继续
#6 = #3 * SIN [#4 * PI/180]	计算刀具在 Z 轴上的值
#7 = #3 * COS [#4 * PI/180]	计算刀具在 X 轴上的值
#8 = 5 - #6	当前刀具中心 Z 坐标值
#9 = 5 + #7	当前刀具中心 X 坐标值
G01 X [#9] Y0 F100	以 G01 移到目标点
Z [- #8]	下深度
G02 X [#9] Y0 I [- #9] J0	以 G02 进行加工
#4 = #4 - 0.2	Z 轴每次递减 0.2mm
ENDW	循环结束
G00 X0 Y0	
Z50	
M05	
M30	

4. 铣椭圆外形

图 3-36 所示为铣椭圆外形的编程示意图，图 3-37 所示为铣椭圆外形的零件示意图，其加工程序见表 3-30。

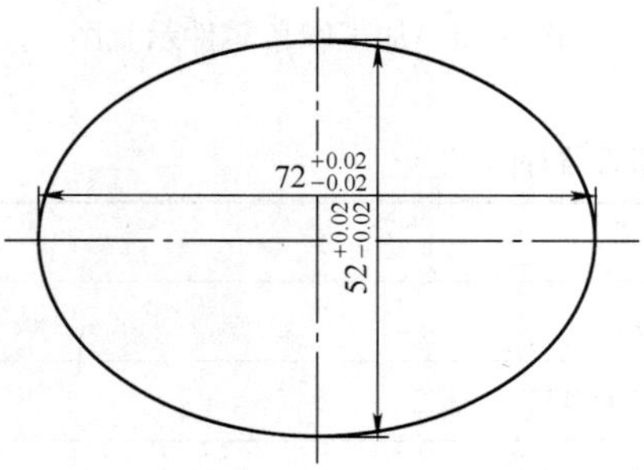

图 3-36 铣椭圆外形的编程示意图

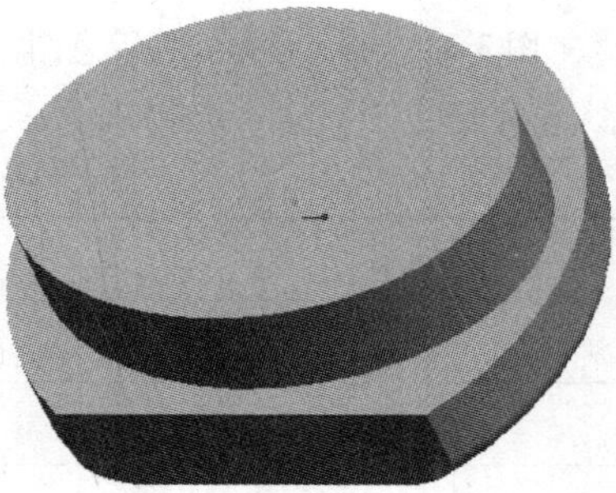

图 3-37 铣椭圆外形的零件示意图

表 3-30　铣椭圆外形的加工程序

程序号	O4
%3	%2000
G54　G90　G21　G0　Z100	#1 = 0
M3　S1000（粗 S1000；精 S1200）	#2 = 35（长轴/2）
M8	#3 = 20（短轴/2）
G0　X60　Y0	G91　G41　G1　X - 24　Z - 1　D01　F800（粗 Z = -1，精 Z = -15） （粗 D = 10.2，F800；精 D = 10，F500）
Z5	WHILE［#1LE360］
M98　P2000　L15（粗 L15，精 L1）	#4 = SIN［#1 * PI/180］ * #2
G90　G0　Z100	#5 = COS［#1 * PI/180］ * #3
M5　M9	G90　G1　X［#4］Y［#5］　F1000
M30	#1 = #1 + 1
	ENDW
	G90　G40　G1　X0
	M99

5. 铣球面

图 3-38 所示为铣球面编程示意图，图 3-39 所示为铣球面零件示意图，其粗加工程序见表 3-31，精加工程序见表 3-32。

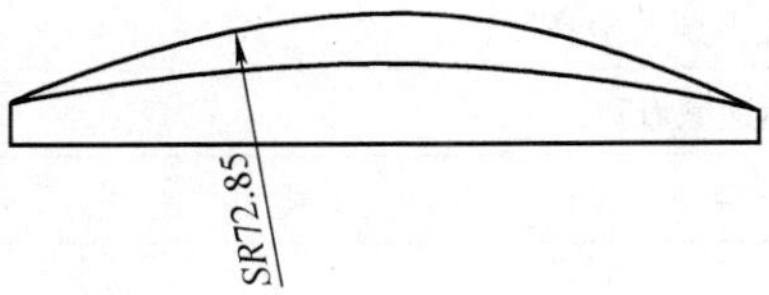

图 3-38　铣球面编程示意图

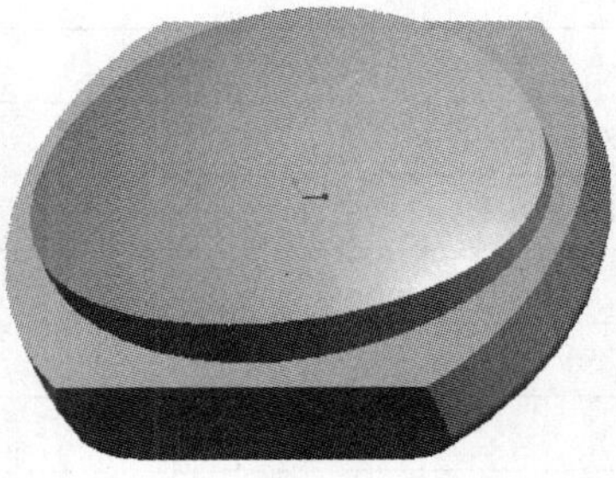

图 3-39　铣球面零件示意图

表 3-31 铣球面粗加工的加工程序

程序号	O5
5%	程序号
#1 = 78.85	定义半球面半径值
#2 = 10	定义平底立铣刀半径值
#3 = 90	球面起始角度
#4 = 60	球面终止角度
#17 = 0.5	Z 坐标每次递减量
#5 = #1 * COS [PI * #4/180]	终止高度上接触点的 X 坐标值
#6 = 1.6 * #2	步距设为刀具直径的 80%
#8 = #1 * SIN [PI * #3/180]	任意高度上刀尖 Z 坐标值设为自变量
#9 = #1 * SIN [PI * #4/180]	终止高度上刀尖的 Z 坐标值
G90 G94 G80 G40 G49 G21 G17	程序初始化
G54 G00 X60 Y0	起刀点
Z100	安全高度
M03 S1000	主轴正转、转速 600r/min
WHILE #8GT#9	如果#8 > #9，循环继续执行
G00X [#5 + #2 + 1] Y0	每层以 G00 快速移到毛坯外侧
Z [#8 + 5]	G00 下降至 Z [#8] 以上 5 处
#13 = #8 - #17	Z 轴当前加工深度
G01 Z [#18] F700	G01 下降至当前加工深度
#7 = SQRT [#1 * #1 - #18 * #18]	任意高度上刀具与球面接触点 X 坐标值
#10 = #5 - #7	任意高度上被切去部分的宽度
#11 = INT [#10/#6]	每层被切除后的余量除以步距并取整
WHILE #11GE0	如果#11 ≥ 0，循环继续执行
#12 = #7 + #11 * #6 + #2	每层在 X 方向上移动的 X 坐标值
G01 X [#12] Y0 F100	以 G01 移动至目标点
G03 I [- #12]	逆时针进行加工
#11 = #11 - 1	自变量#11 依次递减至 0
ENDW	循环结束
G00 Z [#1 + 30]	G00 提刀至安全高度
#8 = #8 - #17	Z 坐标递减#17
ENDW	循环结束
G00 Z50	抬刀
M05	关闭切削液
M30	程序结束并返回程序头

采用适切对刀法进行对刀，G54 设在 X 轴、Y 轴对称中心上，Z 轴零点设在距工件表面 - 72.85mm 处，起刀点设在 (60，0)

表 3-32 铣球面精加工的加工程序

程序号	O6
6%	程序号
#1 =72.85	定义半球面半径值
#2 =5	定义球头铣刀半径值
#3 =90	定义初始角度
#4 =60	定义终止角度
#5 = #1 + #2	刀心位置
G90 G94 G80 G40 G49 G21 G17	程序初始化
G54 G00 X0 Y0	起刀点
Z100	安全高度
M03 S1200	主轴正转、转速 1000r/min
WHILE #3GE#4	如果#3≥#4，循环继续执行
#6 = #5 * COS [#3 * PI/180]	计算当前 X 坐标值
#7 = #5 * SIN [#3 * PI/180]	计算当前 Z 坐标值
G01 X [#6] Y0 F500	以 G01 移动到目标点
Z [#7]	当前 Z 轴的坐标点
G02 X [#6] Y0 I [- #6] J0	以 G02 进行加工
#3 = #3 - 0.2	角度每次递减 0.2
ENDW	循环结束
G00 Z100	抬刀
M30	程序结束并返回程序头

第三步，操作数控铣床，加工宏程序并进行检测。

考核评价

此任务的考核评价标准见表 3-33。

表 3-33 考核评价标准

项目	序号	考核内容及要求	学生自评	学生互评	教师评价
数控加工工艺的设计	1	装夹方案的合理性			
	2	加工路线和工序划分的合理性			
	3	刀具和切削用量选择的合理性			
编制零件加工程序	4	椭圆宏程序的正确性			
	5	圆球宏程序的正确性			
	6	倒圆角宏程序的合理性			
零件加工与检测	7	数控铣床操作的安全性			
	8	加工零件的正确性			
	9	检测加工零件的精度			
综合评价	10	考核评价标准：优、良、中、合格、不合格，纪律情况（20%）；考核情况（80%）			
签名	学生自评签名（ ）学生互评签名（ ）教师评价签名（ ）				

学习反思

学习完成后反思自己的表现，并将学习中的收获填入表 3-34 中。

表 3-34 学习收获

类 型	内 容
掌握知识	
掌握技能	
收获体会	
需解决问题	
学生签名	

拓展内容

一、M 代码调用宏程序

M98 P____ L____ A____ B____ R____

1）与常量手动编程的不同之处是，宏程序在进行自变量赋值时，地址和变量是一一对应关系，使用时必须清楚每个字母所表达的变量含义（A、B、R 都是地址符）。

2）华中数控系统的独特之处是只能用 M98 宏程序调用指令，而其他系统用的是其他调用指令。

3）在运用这种宏程序时，变量的定义是有严格的顺序的。

下面是小直线段逼近整圆的数控加工宏程序，通过它可清晰地了解 HNC-21M 宏程序。为了更具有针对性，省略了程序中的部分内容 可更好地了解宏程序调用子程序的结构。

```
%1000
G92  X0  Y0  Z0
M98  P0002  X-50  Y0  R50
M30

%0002
X=#23  Y=#24  R=#17        (加工整圆子程序，圆心为（X，Y），半径为R)
…
#0=#23+#17*COS[0]
#1=#24+#17*SIN[0]
G01  X[#0]  Y[#1]
#10=1
WHILE[#10 LE 100]
#0 = #17*[COS[#10*2*PI/100] -COS[[#10-1] *2*PI/100]]
#1 = #17*[SIN[#10*2*PI/100] -SIN[[#10-1] *2*PI/100]]
G01  X[#0]  Y[#1]
```

```
#10 = #10 + 1
ENDW
M99
```

二、宏程序的数学基础

宏程序中应用了三角函数、解析几何相关的数学基础知识，因此，要正确高效地编写出加工宏程序，不但要有相应的数控语言知识和数控加工工艺经验，还要求具备一定的数学知识。也就是说，编程者能将图样上的意图通过数学语言结合数控语句的格式表达出来，下面是宏程序相关的数学基础知识。

1. 椭圆方程

椭圆标准方程为

$$\frac{X^2}{a^2}+\frac{Y^2}{b^2}=1$$

其主要点坐标为：圆心 O（0，0），顶点 A（a，0），B（$-a$，0），顶点 C（0，b），D（0，$-b$）。

椭圆参数方程为

$$X = a\cos\theta,\ Y = b\sin\theta$$

其中 θ 为椭圆的离心角。

2. 抛物线方程

抛物线标准方程为

$$y^2 = 2px$$

抛物线参数方程为

$$r = p/(1-\cos\theta)$$

3. 双曲线方程

双曲线标准方程为

$$\frac{X^2}{a^2}-\frac{Y^2}{b^2}=1$$

双曲线参数方程为

$$X=\frac{a}{\cos\theta},\ Y=\frac{b}{\sin\theta}$$

思考与练习

一、选择题

1. 宏程序在数控加工中的意义是________。

A. 取代计算机辅助编程与辅助加工

B. 比计算机辅助编程更先进

C. 采用自然语言编程，编程者不用学习复杂的数控程序代码

D. 利于编写复杂零件的加工程序和精简程序量

2. 下列哪个不是数控系统的运算符________。

A. EQ　　B. IQ　　C. LT　　D. GE

3. 属于宏程序语句的是________。

A. 循环语句　　B. 累加语句　　C. 跳转语句　　D. 选择语句

4. 在宏程序主体中，数控系统会出现报错的程序格式是________。

A. #4 = #2 * COS [#1 * PI/180]　　B. #1 = #1 + 2

C. #1 = #1 OR2　　D. G1 X#4　Y#5　F1000

5. 关于宏程序与常量编写程序描述正确的是________。

A. 宏程序编程要用到大量的数学计算，而常量手动编程则几乎没有计算问题

B. 宏程序有专门的程序语句和特定程序格式，与常规手动编程所用的代码指令完全不同

C. 宏程序编程与常量编程所使用的指令代码是可以共用的

D. 宏程序编程的最大特点就是要简化计算而运用大量的常量值

二、判断题

(　　) 1. 宏变量有局部变量、全局变量、系统变量和程序变量四种。

(　　) 2. 华中数控系统的角度以角度指定。

(　　) 3. 宏变量 = 常数或表达式，这条语句叫等式语句。

(　　) 4. 用宏程序编写的数控加工程序在机床中执行效率没有常量程序的高，因为宏程序会用到很多的数学计算。

(　　) 5. 手动编程时，宏程序为各种复杂零件加工程序的编写提供了方便。

三、简答题

1. 宏程序在数控编程与加工中的意义是什么？

2. 宏程序应用在哪些方面？主要有哪几种语句格式？

3. 全局变量和局部变量的区别是什么？

项目四

数控铣床的综合零件加工

数控铣床配合类零件加工是全面训练零件加工的读图、编制加工工艺、选择刀具、装夹方案、编制程序、实际操作和机床日常维护能力的典型案例，其零件包含的加工要素有面、孔、内外轮廓。通过学习此项目，达到比较全面掌握数控铣床实操加工和数控铣床维护技能的目标，提高典型零件的工艺设计和程序编制能力。

知识目标

1. 了解数控铣床技能大赛的内容和要求。
2. 掌握多面类和配合类零件的加工工艺分析和程序编制技能。
3. 了解配合类零件“配作”加工的概念与意义。

技能目标

1. 学会制订多面类和配合类零件的数控加工工艺。
2. 学会数控铣床多面类和配合类零件的程序编制方法。
3. 学会数控铣床多面类和配合类零件的加工操作技能。

素质目标

1. 培养数控铣床综合生产管理素质。
2. 培养数控铣床社会生产的效率和成本意识。

建议课时分配表

名　称	课时/节
任务一　多面类零件的加工	8
任务二　配合类零件的加工	12
合　计	20

任务一　多面类零件的加工

工作任务

1）多面类零件数控加工工艺的制订。

2）多面类零件（见图 4-1）的加工操作。

相关知识

一、数控铣床加工走刀路线图

在数控加工中，常常要注意并防止刀具在运动过程中与夹具或工件发生意外碰撞，为此必须设法告诉操作者关于编程中的刀具运动路线（如从哪里下刀、在哪里抬刀、哪里是斜下刀等）。为简化走刀路线图，一般可采用统一约定的符号来表示。不同的机床可以采用不同的图例与格式，表 4-1 为一种常用格式。

表 4-1　数控加工走刀路线图

<table>
<tr><td colspan="3">数控加工走刀线路图</td><td>零件图号</td><td colspan="2"></td><td>工序号</td><td></td><td>工步号</td><td></td><td>程序号</td><td></td></tr>
<tr><td>机床型号</td><td></td><td>程序段号</td><td></td><td>加工内容</td><td colspan="5"></td><td>共　页</td><td>第　页</td></tr>
<tr><td colspan="10" rowspan="4">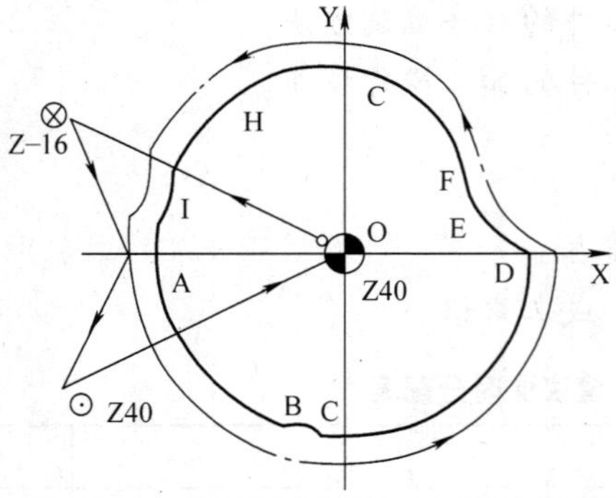
</td><td colspan="2"></td></tr>
<tr><td>编程</td><td></td></tr>
<tr><td>校对</td><td></td></tr>
<tr><td>审核</td><td></td></tr>
<tr><td>符号</td><td>⊙</td><td>⊗</td><td></td><td></td><td></td><td></td><td></td><td></td><td></td><td></td><td></td></tr>
<tr><td>含义</td><td>抬刀</td><td>下刀</td><td>编程原点</td><td>起刀点</td><td>走刀方向</td><td>走刀线相交</td><td>爬斜坡</td><td>铰孔</td><td>行切</td><td></td><td></td></tr>
</table>

二、多面类零件的加工顺序

与简单零件加工的加工顺序不同，多面类零件的加工应更多地全面考虑加工过程的工序分布、工步划分以及走刀路线的合理安排，其中加工顺序是在数控铣加工工艺中首要解决的

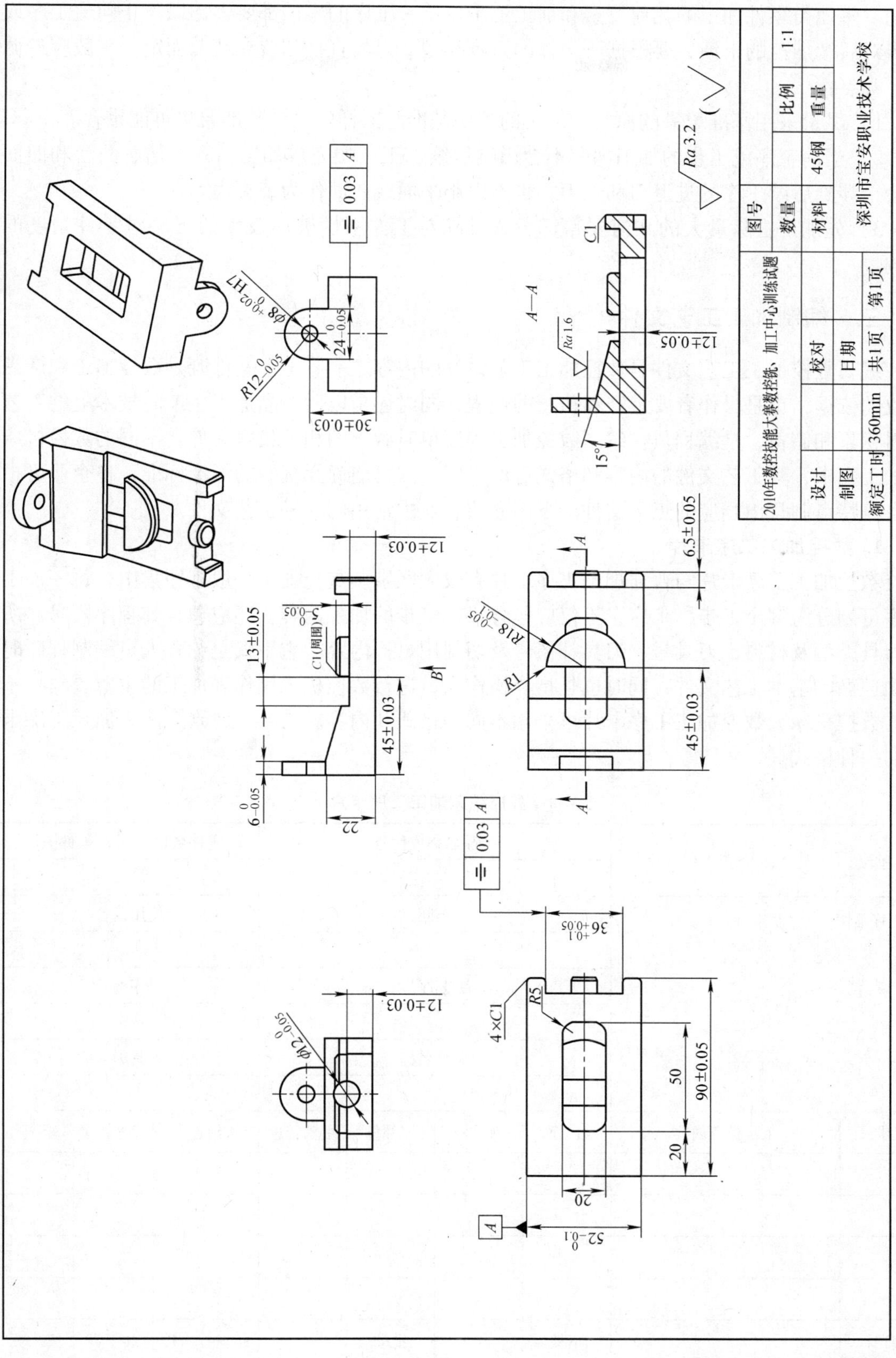
2010年数控技能大赛数控铣、加工中心训练试题
图号
比例
1:1
数量
重量
材料
45钢
设计
校对
制图
日期
额定工时
360min
共1页
第1页
深圳市宝安职业技术学校
A—A
Ra 3.2
Ra 1.6
C1
15°
12±0.05
30±0.03
12±0.03
13±0.05
45±0.03
6.5±0.05
90±0.05
50
20
22
4×C1
R5
R1
B
A

图 4-1　零件图

问题。多面类零件加工的几何要素和加工工步较单一工序的零件都要多，以防止前道工序或工步对后续加工的干涉，要根据所选择的刀具类型、刀具直径和装夹情况而定，一般应遵循以下几点：

1）尽量采用基准统一的原则，加工的工序基准与图样的设计基准要尽可能重合。

2）当前工序或工步的加工内容不会影响后续加工，如完成加工后孔、槽、凸台和曲面不会干涉到后续工序的进退刀和走刀，也不以小平面或曲面作为装夹面。

3）先加工去除量大的几何要素部分，排除对工件刚性破坏较大的工序对零件精度的影响。

三、编制加工工艺文件

编写数控加工工艺文件是数控加工工艺设计的内容之一。工艺文件既是数控加工和产品验收的依据，也是操作者要遵守和执行的规程，同时还是以后产品加工生产时技术上的工艺资料积累和储备，是编程员在编制数控加工程序单时做出的相关技术文件。不同的数控机床和加工要求，其工艺文件的内容和格式有所不同，因目前尚无统一的国家标准，各企业可根据自身特点制订出相应的工艺文件。下面介绍企业中常用的几种工艺文件。

1. 数控加工工序卡片

数控加工工序卡片与普通加工工序卡片有较大区别。数控加工一般工序集中，每一加工工序可划分为多个工步，工序卡不仅应包含每一工步的加工内容，还应包含其程序段号、所用刀具类型及材料、刀具号、刀具补偿号及切削用量等内容。它不仅是编程人员编制程序时必须遵循的基本工艺文件，同时也是指导操作人员进行数控机床操作和加工的主要资料。不同的数控机床，数控加工工序卡片可采用不同的格式和内容。表 4-2 是数控铣床加工工序卡片的一种格式。

表 4-2 数控铣床加工工序卡片

<table>
<tr><td rowspan="2">单位</td><td rowspan="2">数控加工工序卡片</td><td colspan="4">产品名称或代号</td><td colspan="2">零件名称</td><td>零件图号</td></tr>
<tr><td colspan="4"></td><td colspan="2"></td><td></td></tr>
<tr><td colspan="2" rowspan="6">工序简图：</td><td colspan="4">车间</td><td colspan="3">使用设备</td></tr>
<tr><td colspan="4"></td><td colspan="3"></td></tr>
<tr><td colspan="4">工艺序号</td><td colspan="3">程序编号</td></tr>
<tr><td colspan="4"></td><td colspan="3"></td></tr>
<tr><td colspan="4">夹具名称</td><td colspan="3">夹具编号</td></tr>
<tr><td colspan="4"></td><td colspan="3"></td></tr>
<tr><td>工步号</td><td>工步作业内容</td><td>加工面</td><td>刀具号</td><td>刀补量</td><td>主轴转速</td><td>进给速度</td><td>背吃刀量</td><td>备注</td></tr>
<tr><td></td><td></td><td></td><td></td><td></td><td></td><td></td><td></td><td></td></tr>
<tr><td></td><td></td><td></td><td></td><td></td><td></td><td></td><td></td><td></td></tr>
<tr><td></td><td></td><td></td><td></td><td></td><td></td><td></td><td></td><td></td></tr>
<tr><td></td><td></td><td></td><td></td><td></td><td></td><td></td><td></td><td></td></tr>
<tr><td>编制</td><td></td><td>审核</td><td></td><td>批准</td><td></td><td>年 月 日</td><td>共 页</td><td>第 页</td></tr>
</table>

2. 数控加工刀具卡片

数控加工刀具卡片主要反映使用刀具的名称、编号、规格、长度和半径补偿值以及所用刀柄的型号等内容，是调刀人员准备和调整刀具、机床操作人员输入刀补参数的主要依据。表4-3是数控铣床加工刀具卡片的一种格式。

表4-3　数控铣床加工刀具卡片

单位		数控加工刀具卡片			产品名称或代号		零件名称	零件图号	程序编号
工步号	刀具号	刀具型号				刀柄型号	刀具补偿量		备注
		直径	类型	材质	厂家		长度 h	半径 d	
编制		审核		批准		年　月　日		共　页	第　页

3. 数控加工程序单

数控加工程序单是编程员根据工艺分析情况，经过数值计算，按照数控机床的程序格式和指令代码编制的。它是记录数控加工工艺过程、工艺参数、位移数据的清单以及手动数据输入、实现数控加工的主要依据，同时可帮助操作人员正确理解加工程序的内容。不同的企业数控加工程序单的格式也不同。表4-4是数控铣床加工的数控加工程序单的一种格式。

表4-4　数控加工程序单

图号	零件名称		编程人员		编程时间			审核		批准	
顺序号	程序名	刀具							加工余量	理论加工时间	备注
		刀号	直径	类型	材质	转速 n	进给速度 v_f	装刀长度			
1											
2											
3											
4											
5											
装夹定位示意图：						说明： 1. 装夹方式—— 2. X，Y加工原点—— 3. Z加工原点——					

任务实施

一、实训目的及要求

1）了解数控铣床多工位定位的装夹技能和一件多工位加工的方法。

2）掌握数控铣床多面类零件的工艺设计方法。

3）综合训练数控铣床零件加工的程序编制与加工操作技能。

二、实训设备及器材

本任务所需的实训设备及器材见表4-5。

表4-5 实训设备及器材

项　目	名　称	规　格	数　量
设备	数控铣床	M600或M650（华中或FANUC）	4~5台
夹具	机用虎钳	20mm	4~5台
刀具	立铣刀	ϕ8mm、ϕ10mm、	各4~5把
	钻头	ϕ7.6mm	各4~5把
	铰刀	ϕ8mm	4~5把
量具	卡尺	带表150mm	4~5把
	千分尺	千分尺0~25mm、25~50mm	4~5把
工具	分中棒	机械偏心式寻边器（ϕ10mm）	4~5支
	Z向对刀器	机械式Z向对刀器（带表Z50mm）	4~5个
材料	45钢	L型钢	每组4~5块
其他	毛刷、扳手、平行板等	配套	一批

三、实训内容与步骤

第一步，根据对零件图和技术要求的分析，确定数控加工工艺方案。

1. 装夹方案的确定

如图4-1所示，该加工零件形状复杂程度一般，毛坯形状为方形，尺寸为95mm×55mm×40mm，六个面都为加工面，加工面与面之间的位置精度和尺寸精度均要求不高，故可选用通用夹具机用虎钳装夹，先以毛坯较为平整光洁的表面和两个尺寸大的侧面作为粗基准加工零件的两侧面，然后以加工好的两个面和两个尺寸大的侧面作为精基准加工零件上表面的所有未加工要素。

2. 加工余量的确定

1）粗加工内、外轮廓留下加工余量为0.3~0.5mm。

2）半精加工内、外轮廓留下加工余量为0.1~0.2mm。

3）精加工内、外轮廓留下加工余量为0.05~0.1mm。

4）粗加工平面留下加工余量为0.1~0.2mm。

5）铰孔留下加工余量为0.1~0.2mm。

3. 切削用量和切削液的选择

1）切削用量：根据加工材料、刀具材料等因素查表3-1。

2）切削液：根据加工材料、刀具材料等因素选择水融性乳化切削液。

4. 加工顺序和刀具的选择（以加工刀具划分工序）

零件的加工顺序与刀具选择见表4-6。

表4-6　零件的加工顺序与刀具的选择

程式号	刀具直径/mm	类型	材料	加工内容
O1	$\phi10$	立铣刀	硬质合金	底平面，深度1mm
O2	$\phi10$	立铣刀	硬质合金	粗、精加工底面槽，深度12mm
O3	$\phi10$	立铣刀	硬质合金	左平面
O4		中心钻	高速钢	钻中心孔
O5	$\phi8$	钻头	工具钢	钻左侧孔，深度10mm
O6	$\phi8$	铰刀	高速钢	铰左侧孔，深度7mm
O7	$\phi10$	立铣刀	硬质合金	粗、精加工左侧半圆外轮廓，深度7mm
O8	$\phi10$	立铣刀	硬质合金	右侧平面
O9	$\phi10$	立铣刀	硬质合金	粗加工右侧内轮廓，深度6.5mm
O10	$\phi10$	立铣刀	硬质合金	粗、精加工右侧圆柱，深度6.5mm
O11	$\phi10$	倒角刀	硬质合金	倒角 *C*1
O12	$\phi10$	立铣刀	硬质合金	粗加工斜面
O13	$\phi10$	立铣刀	硬质合金	粗加工上面半圆轮廓，深度8mm
O14	$\phi10$	立铣刀	硬质合金	粗、精加工左侧半圆轮廓两边的平肩面
O15	$\phi10$	立铣刀	硬质合金	精加工左侧半圆轮廓内侧面
O16	$\phi10$	倒角刀	硬质合金	粗、精加工半圆上平面，深度3mm
O17	$\phi10$	立铣刀	硬质合金	半圆外轮廓倒角 *C*1
O18	$\phi10$	立铣刀	硬质合金	精加工斜面

第二步，根据数控加工工艺和加工程序编写数控加工程序文件。

1. 加工底平面

图4-2所示为底平面加工编程示意图，图4-3所示为底平面加工零件示意图，其加工程序见表4-7。

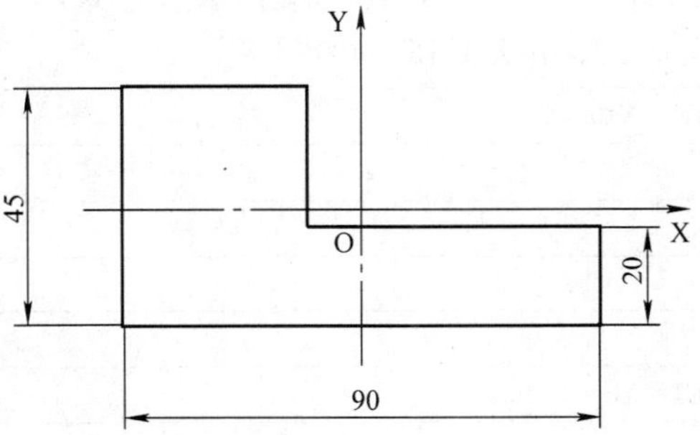

图4-2　底平面加工编程示意图

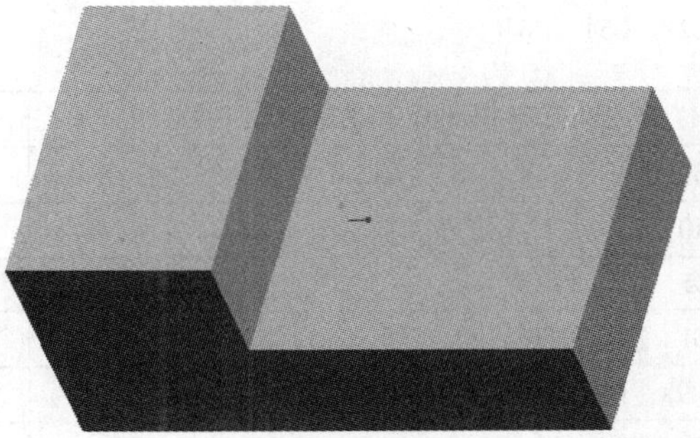

图4-3　底平面加工零件示意图

表 4-7 加工底平面的加工程序

程序号	O1
%1	%2011
G54 G90 G21 G0 Z100	G91 G1 Y70 F500
M3 S2000	X7
M8	Y-70
G0 X-25 Y-35	X7
G1 Z-1 F400	M99
M98 P2011 L7	%2012
M98 P2012 L7	G91 G1 Y30 F500
G90 G0 Z100	X7
M5 M9	Y-30
M30	X7
	M99

2. 粗、精加工底面槽

图 4-4 所示为底面凹槽加工编程示意图，图 4-5 所示为底面凹槽加工零件示意图，其加工程序见表 4-8。

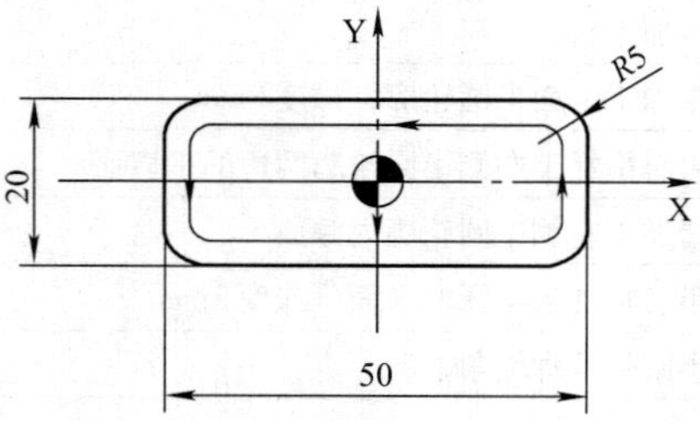

图 4-4 底面凹槽加工编程示意图

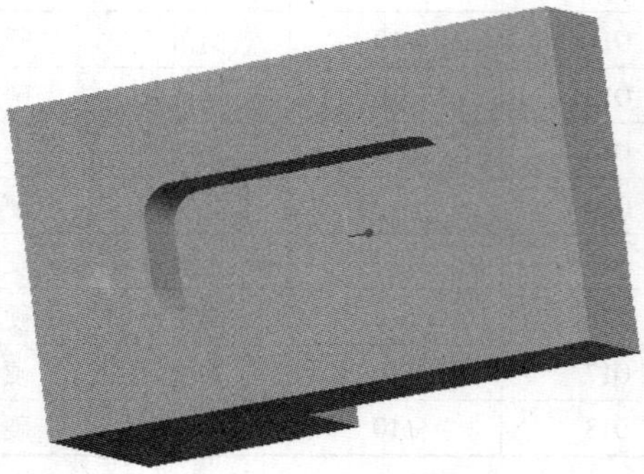

图 4-5 底面凹槽加工零件示意图

表 4-8 粗、精加工底面凹槽的加工程序

程序号	O2
%2	%2000
G21 G54 G64	G91 G41 G1 Y-10 Z-1 D01 F800（粗 Z-1；精 Z-12）（粗 D=5.2，F800；精 D=5，F400）
M3 S2000（粗 S1600；精 S28000）	G90 G1 X10
G0 Z50	Y10
X0 Y0	X20
Z5	Y-10
G1 Z0 F300	X0
M98 P2000 L12（粗 L12；精 L1）	G40 G1 Y0
G0 Z50	M99
M30	

3. 加工左平面

图 4-6 所示为左平面加工编程示意图，图 4-7 所示为左平面加工零件示意图，其加工程序见表 4-9。

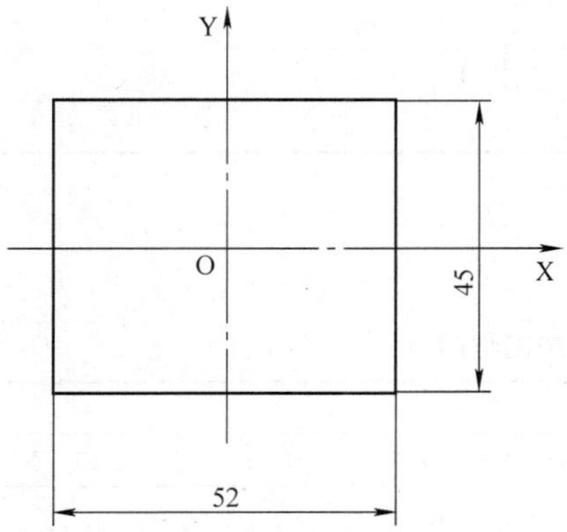

图 4-6　左平面加工编程示意图

图 4-7　左平面加工零件示意图

表 4-9　加工左平面的加工程序

程序号	O3
%3	%2000
G54　G90　G21　G0　Z100	G91　G1　X60　F500
M3　S2000	Y7
M8	X－60
G0　X－30　Y－22	Y7
G1　Z－1　F400	M99
M98　P2000　L6	
G90　G0　Z100	
M5　M9	
M30	

4. 钻左侧面中心孔

图 4-8 所示为钻左侧面中心孔编程示意图，图 4-9 所示为钻左侧面中心孔零件示意图，其加工程序见表 4-10。

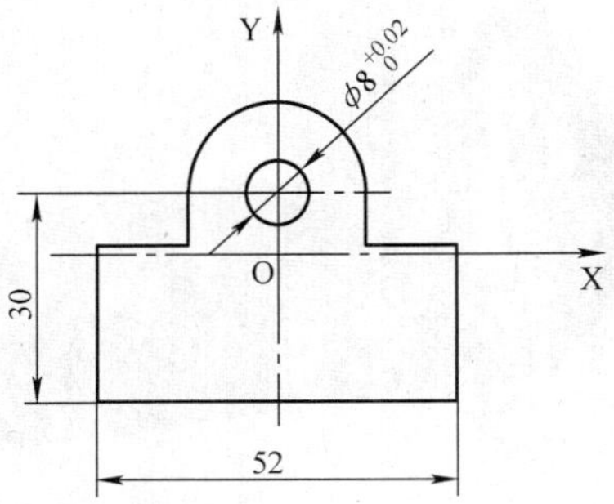

图 4-8　钻左侧面中心孔编程示意图

图 4-9　钻左侧面中心孔零件示意图

表 4-10 钻左侧面中心孔的加工程序

程序号	Z5
%4	G98 G81 X0 Y7.5 Z-2.5 R5 F50
G54 G90 G21 G0 Z100	G80
M3 S500	M5 M9
M8	M30
G0 X0 Y7.5	

5. 钻左侧面孔（示意图参考图 4-8 和图 4-9）

钻左侧面孔的加工程序见表 4-11。

表 4-11 钻左侧面孔的加工程序

程序号	Z5
%5	G98 G83 X0 Y7.5 Z-10 R5 Q-2 P1 K1 F60
G54 G90 G21 G0 Z100	G80
M3 S500	M5 M9
M8	M30
G0 X0 Y7.5	

6. 铰左侧面孔（示意图参考图 4-8 和图 4-9）

铰左侧面孔的加工程序见表 4-12。

表 4-12 铰左侧面孔的加工程序

程序号	Z5
%5	G98 G81 X0 Y7.5 Z-75 R5 F30
G54 G90 G21 G0 Z100	G80
M3 S300	M5 M9
M8	M30
G0 X0 Y7.5	

7. 加工左侧半圆轮廓

图 4-10 所示为左侧半圆轮廓加工编程示意图，图 4-11 所示为左侧半圆轮廓加工零件示意图，其加工程序见表 4-13。

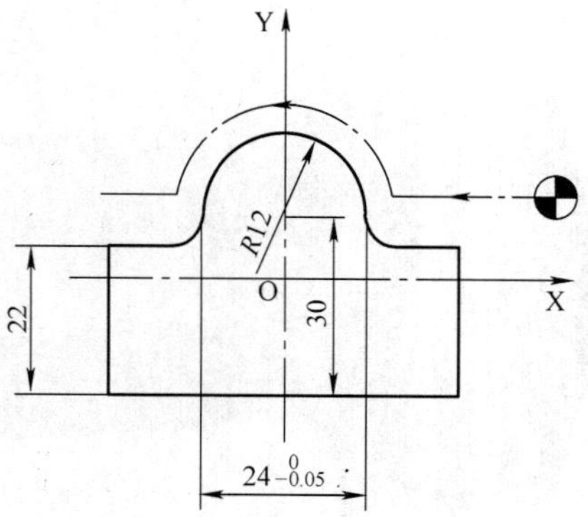

图 4-10 左侧半圆轮廓加工编程示意图

图 4-11 左侧半圆轮廓加工零件示意图

表 4-13 左侧半圆轮廓的加工程序

程序号	O4
%7	%2011
G21 G54 G64	G1 Z0 F400
M3 S1800（粗 S1800；精 S2500）	G91 G1 Z-1
G0 Z50	G90 G41 G1 Y7.5 D01 F800 （粗 D=5.2，F800；精 D=5，F400）
X30 Y15	X12
M98 P2011 L7（粗 L7；精 L1）	G2 X-12 Y7.52 R12
G0 Z50	G1 X-30
M30	G40 G0 Z10
	X30 Y15
	M99

8. 加工右平面

确保尺寸90 $^{+0.05}_{-0.05}$mm，加工程序参考左平面。

9. 粗加工右侧内轮廓

图 4-12 所示为右侧内轮廓加工编程示意图，图 4-13 所示为右侧内轮廓加工零件示意图，其加工程序见表 4-14。

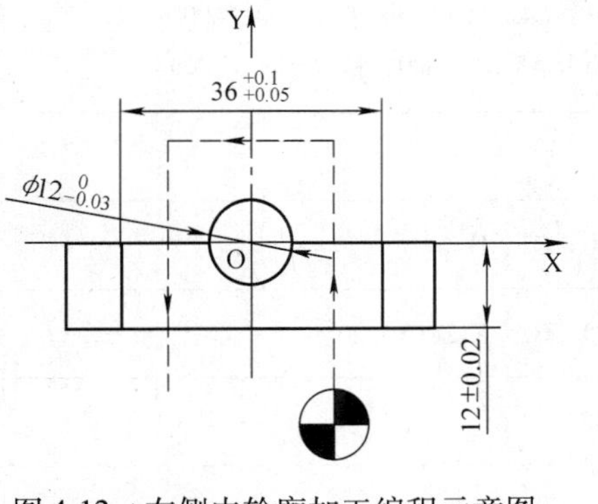

图 4-12 右侧内轮廓加工编程示意图

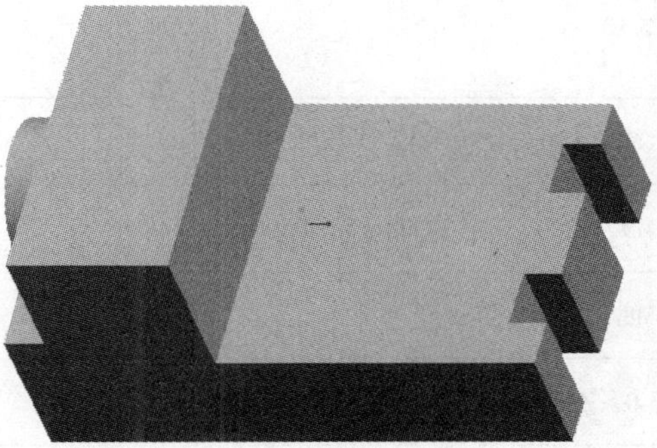

图 4-13 右侧内轮廓加工零件示意图

表 4-14 右侧内轮廓的加工程序

程序号	O9
%9	%2000
G54 G90 G21 G0 Z100	G91 G1 Z-1 F500（粗 Z-0.5；精 Z-5）
M3 S2000	G1 Y40 F600
M8	G0 X-26
G0 X13 Y-20	G1 Y-40 F600
G1 Z-0.5 F400	G0 X26
M98 P2000 L6（粗 L6；精 L1）	M99
G90 G0 Z50	
M5 M9	
M30	

10. 粗、精加工右侧圆柱凸台

图 4-14 所示为右侧圆柱凸台加工编程示意图，图 4-15 所示为右侧圆柱凸台加工零件示意图，其加工程序见表 4-15。

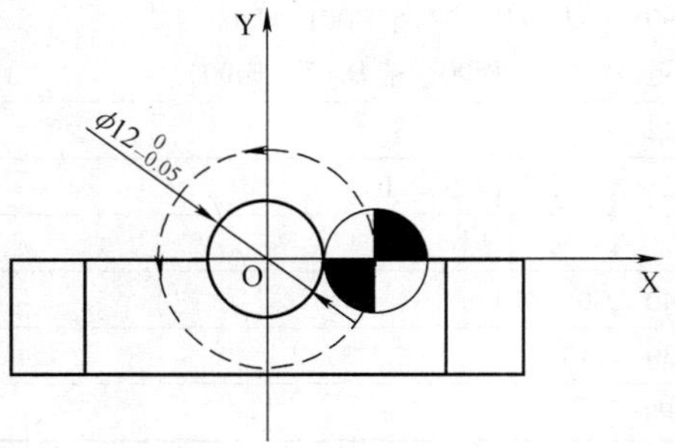

图 4-14 右侧圆柱凸台加工编程示意图

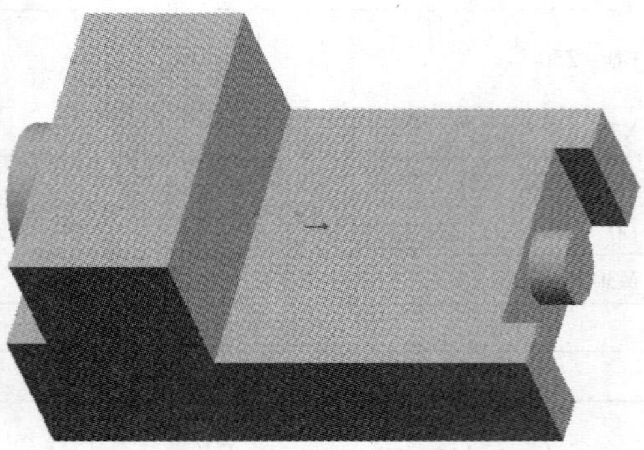

图 4-15 右侧圆柱凸台加工零件示意图

表 4-15 右侧圆柱凸台的加工程序

程序号	%20110
%10	G91 G42 G1X-6 Y0 D01F600 (粗 D=5.2，F600；精 D=5，F400)
G90 G21 G54 G64	Z-1
M3 S2000（粗 S2000，精 S2500）	G90 G2 I-6
M8	G40 G1 X12 Y-20
G0 Z50	M98
X12 Y-20	
Z-0.5	
M98 P2011 L6（粗 L6，精 L1）	
G0 Z100	
M30	

11. 倒角 *C*1

图 4-16 所示为倒角加工编程示意图，图 4-17 所示为倒角加工零件示意图，其加工程序见表 4-16。

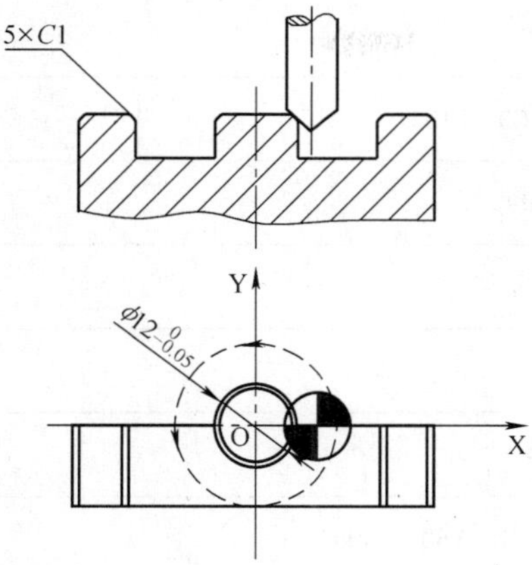

图 4-16　倒角加工编程示意图

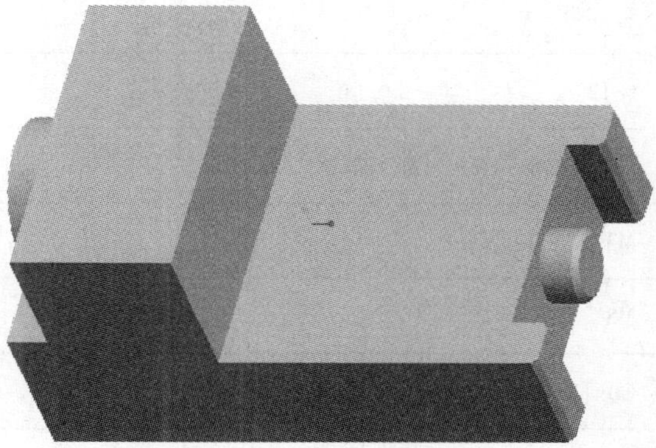

图 4-17　倒角加工零件示意图

表 4-16　倒角加工的加工程序

程序号	Y－30
%11	X36
G54　G90　G21　G0　Z100	Y10
M3　S2000	X－36
M8	Y－30
G0　X10　Y－30	X－18
Z5	Y10
G1　Z0　F400	G40　G1　X40
G42　G1　Z－1　D01　F500（D01＝1）	G0　Z100
G3　I－6	M5　M9
Y10	M30
X18	

12. 粗加工斜面

图 4-18 所示为斜面加工编程示意图，图 4-19 所示为斜面加工零件示意图，其加工程序见表 4-17。

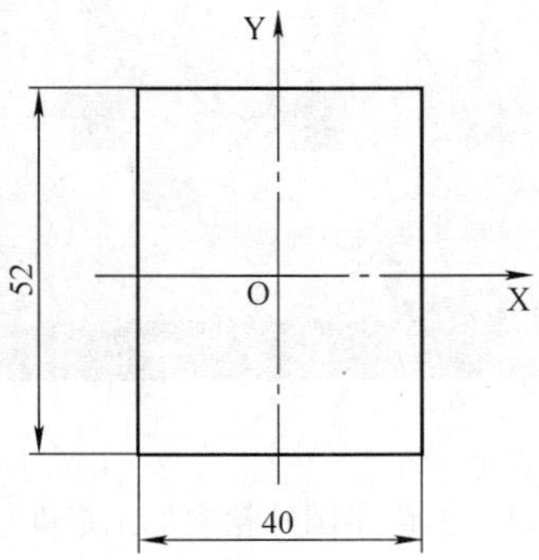

图 4-18　斜面加工编程示意图

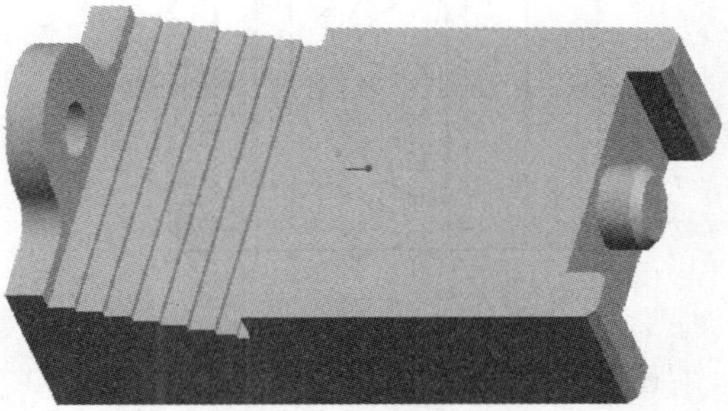

图 4-19　斜面加工零件示意图

表 4-17　斜面加工的加工程序

程序号	O12
%12	G90　G0　Z100
G54　G90　G21　G0　Z100	M5　M9
M3　S2000	M30
M8	
G0　X－33.5　Y－30	%2011
Z5	G91　G1　Y60　F500
#1＝1	X1.74
#2＝12	Y－60
WHILE［#1LE22］	X－1.74
G1　Z［－#1］　F400	M99
M98　P2001　L［#2］	
#1＝#1＋1	
#2＝#2－1	
ENDW	

13. 粗、精加工上面半圆外轮廓，深度 8mm

图 4-20 所示为上面半圆外轮廓加工编程示意图，图 4-21 所示为上面半圆外轮廓加工零件示意图，其加工程序见表 4-18。

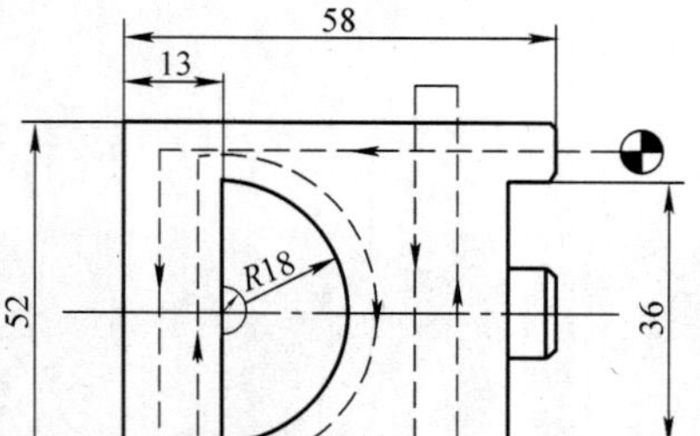

图 4-20　上面半圆外轮廓加工编程示意图

图 4-21　上面半圆外轮廓加工零件示意图

表 4-18　上面半圆外轮廓的加工程序

程序号	O13
%13	%2011
G21　G54　G64	G91　G1　Z-1
M3　S2000（粗 S2000；精 S2500）	G90　G41　G1　Y26　D01　F800 （粗 D=5.2，F800；精 D=5，F400）
G0　Z50	G91　X58
X60　Y50	Y10
G1　Z0　F400	Y-72
M98　P2011　L7（粗 L8；精 L1）	Y10
G0　Z50	X-58
M30	X-6.5　Y-10
	Y72
	X-7
	Y-72
	G90　X13　Y-18
	Y18
	G2　X13　Y-18　R18
	G0　X60
	G40　Y50
	M99

14. 粗、精加工左侧半圆轮廓的两边平肩面

图 4-22 所示为两边平肩加工编程示意图，图 4-23 所示为两边平肩加工零件示意图，其加工程序见表 4-19。

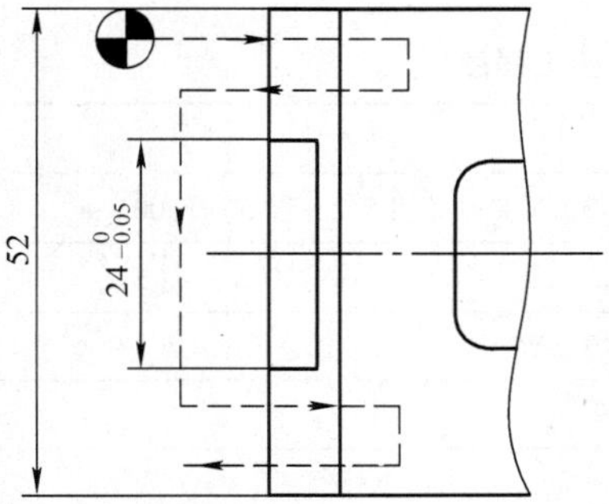

图 4-22　两边平肩加工编程示意图

图 4-23　两边平肩加工零件示意图

表 4-19 两边平肩的加工程序

程序号	O14
%14	%2000
G54 G90 G21 G0 Z100	%2000
M3 S2000	G91 G1 Z-1 F400
M8	M98 P2011 L1
G0 X-70 Y26	G90 G0 X-70 Y26
G24 Y0	M99
G1 Z0 F400	%2011
M98 P2000 L6	G41 X-20 D01 F800（粗 D01=7.2，精 D01=7）
G90 G0 Z100	G1 X15
G25 Y0	Y-7
M5 M9	X-15
M30	M99

15. 精加工左侧半圆轮廓的内侧面

图 4-24 所示为左侧半圆轮廓的加工编程示意图，图 4-25 所示为左侧半圆轮廓的加工零件示意图，其加工程序见表 4-20。

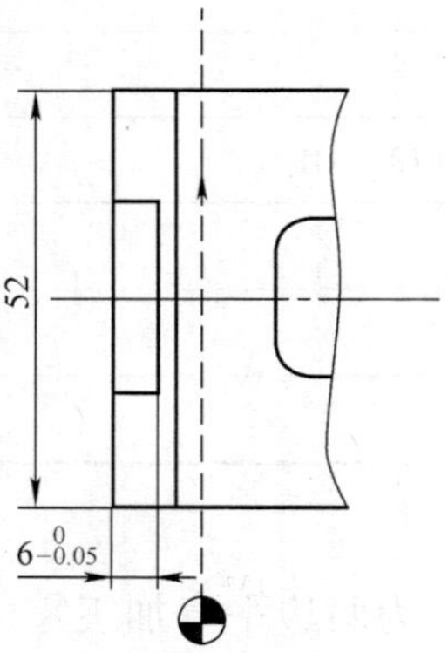

图 4-24 左侧半圆轮廓加工编程示意图

图 4-25 左侧半圆轮廓加工零件示意图

表 4-20 左侧半圆轮廓的加工程序

程序号	Z-18
%15	G1 G42 Y-30（粗 5.2，精 5）F300
G54 G90 G21 G0 Z100	Y30
M3 S2200	G0 G40 Y50
M8	M5 M9
G0 X39 Y-50	M30

16. 粗、精加工半圆凸台上平面，深度 3mm

图 4-26 所示为半圆凸台上平面加工编程示意图，图 4-27 所示为半圆凸台上平面加工零

件示意图，其加工程序见表4-21。

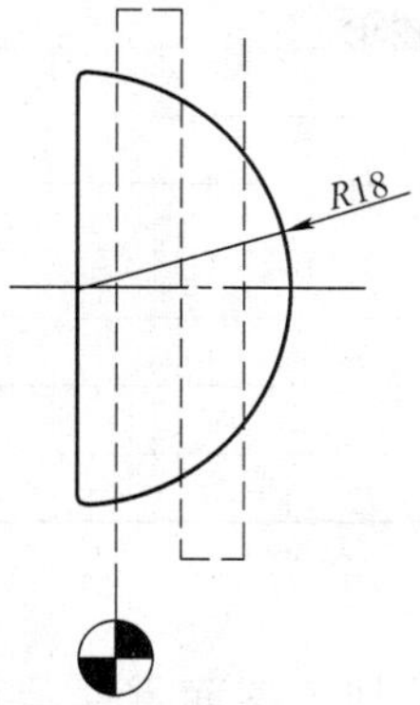

图4-26　半圆凸台上平面加工编程示意图

图4-27　半圆凸台上平面加工零件示意图

表4-21　半圆凸台上平面的加工程序

程序号	O16
%16	%2011
G54　G90　G21　G0　Z100	G91　G1　Z－1　F400
M3　S2000	M98　P2000　L2
M8	G0　G90　X0　Y－30
G0　X0　Y－30	M99
G1　Z0　F400	%2012
M98　P2011　L3	G91　G1　Y60　F500
G90　G0　Z100	X5
M5　M9	Y－60
M30	X5
	M99

17. 半圆凸台外轮廓倒角 *C*1

图4-28所示为半圆凸台倒角编程示意图，图4-29所示为半圆凸台倒角零件示意图，其加工程序见表4-22。

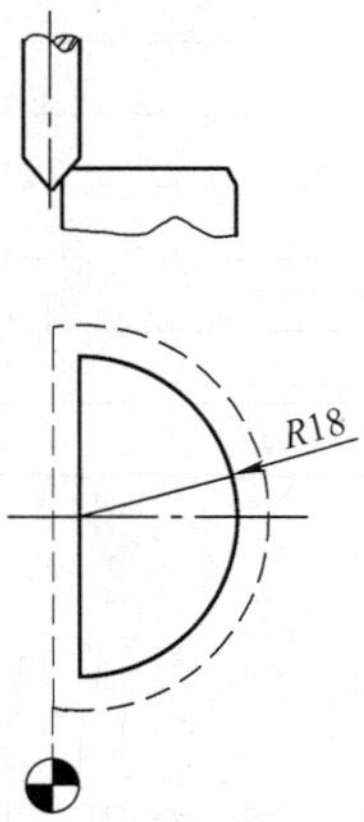

图4-28　半圆凸台倒角编程示意图

图4-29　半圆凸台倒角零件示意图

表 4-22　半圆凸台倒角的加工程序

程序号	G1　Z－1
%17	Y18
G54　G90　G21　G0　Z100	G2　Y－18
M3　S2000	G40　G1　Y－40
M8	G0　Z100
G0　X0　Y－30	M5　M9
Z5	M30
G1　G41　Y－20　D01　F400（D01＝1）	

18. 精加工斜面

图 4-30 所示为精加工斜面编程示意图，图 4-31 所示为精加工斜面零件示意图，其加工程序见表 4-23。

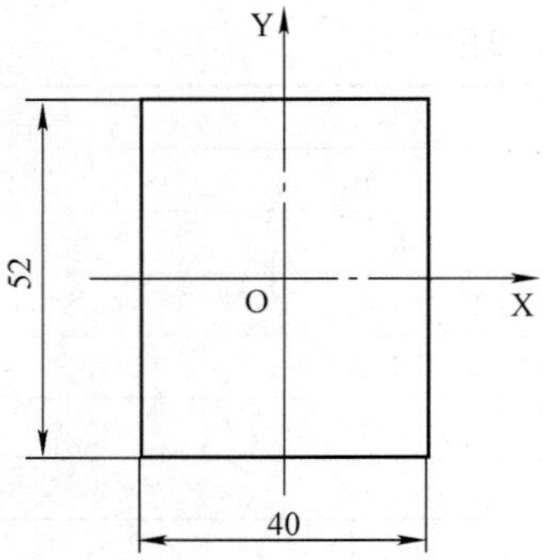

图 4-30　精加工斜面编程示意图

图 4-31　精加工斜面零件示意图

表 4-23　精加工斜面的加工程序

程序号　O12	%2011
%12	G90　G1　X－23.32　Z10　F500
G54　G90　G21　G0　Z100	G91　Y0.2
M3　S22000	G90　X－13　Z　3.48
M8	G91　Y0.2
G0　X0　Y－26	M99
G1　Z3.48　F500	
X－13	
M98　P2011　L132	
G0　Z100	
M5　M8	
M30	

说明：对刀位置在最低的表面。

19. 工件加工完成

工件成品效果如图 4-32 所示。

第三步，根据数控大赛的要求操作数控铣床，加工零件并进行检测，其评分标准见表4-24。

图 4-32　工件成品

表 4-24　数控大赛的评分标准

姓名		准考证号		单位		年龄	
工种	数控铣工	图号		定额时间	360min	技术等级	
设备	数控铣床	零件名称		考核日期		总得分	

序号	考核项目	考核内容及要求		配分	评分标准	检查结果	扣分	得分	备注
1	外形尺寸	$50^{0}_{-0.1}$mm	IT	2	超差 0.01mm 扣 1 分				
2		$55^{+0.05}_{-0.05}$mm	IT	2	超差 0.01mm 扣 1 分				
3	上面尺寸	$R18^{-0.05}_{-0.1}$mm	IT	2	超差 0.01mm 扣 1 分				
4		$C1$	IT	2	超差 0.01mm 扣 1 分				
5		$13^{+0.05}_{-0.05}$mm	IT	2	超差 0.01mm 扣 1 分				
6		$45^{+0.03}_{-0.03}$mm	IT	2	超差 0.01mm 扣 1 分				
7		$6^{0}_{-0.05}$mm	IT	2	超差 0.01mm 扣 1 分				
8		$5^{0}_{-0.05}$mm	IT	2	超差 0.01mm 扣 1 分				
9	底面尺寸	20mm、50mm	IT	2	超差 0.01mm 扣 1 分				
10		20mm	IT	2	超差 0.01mm 扣 1 分				
11		$R5$mm	IT	2	超差 0.01mm 扣 1 分				
12		$12^{+0.05}_{-0.05}$mm	IT	2	超差 0.01mm 扣 1 分				
13	侧面尺寸	$30^{+0.03}_{-0.03}$mm	IT	2	超差 0.01mm 扣 1 分				
14		$12^{+0.03}_{-0.03}$mm	IT	2	超差 0.01mm 扣 1 分				
15		$24^{0}_{-0.05}$mm	IT	2	超差 0.01mm 扣 1 分				
16		$R12^{0}_{-0.05}$mm	IT	2	超差 0.01mm 扣 1 分				
17		$\phi8^{+0.05}_{0}$H7		2	超差 0.01mm 扣 1 分				
18		$36^{+0.1}_{+0.05}$mm		2	超差 0.01mm 扣 1 分				
19		$6.5^{+0.05}_{-0.05}$mm		2	超差 0.01mm 扣 1 分				
20		$4\times C1$		4	超差 0.01mm 扣 1 分				
21	斜面	15°	IT	2	不合格不得分				
22		22mm	IT	2	不合格不得分				
23	几何公差	对称度 A 0.03mm(两处)	IT	2	超差 0.01mm 扣 1 分				

（续）

序号	考核项目	考核内容及要求		配分	评分标准	检查结果	扣分	得分	备注
24	表面粗糙度值	$Ra3.2\mu m$	Ra	2	降一级不得分				
文明生产		按有关规定每违反一项从总分中扣 3 分，扣分不超过 10 分；发生重大事故取消考试资格							
其他项目		未注尺寸公差按照 GB/T 1804—2000 确定；工件必须完整，考试工件局部无缺陷（夹伤等），扣分不超过 10 分							
程序编制		程序中有严重违反工艺的即取消考试资格；有小问题则酌情扣分，扣分不超过 20 分							
加工时间		90min 后尚未开始加工即终止考试；360min 后，每超过 1min 扣 1 分，390min 时，停止考试							
总分		50 分							
记录员		监考人		检验员		考评人			

第四步，操作数控铣床加工零件。

考核评价

此任务的考核评价标准见表 4-25。

表 4-25　考核评价标准

项目	序号	考核内容及要求	学生自评	学生互评	教师评价
数控加工工艺的设计	1	装夹方案的合理性			
	2	加工路线和工序划分的合理性			
	3	刀具和切削用量选择的合理性			
编制零件加工程序	4	零件平面特征编程的正确性			
	5	零件二维轮廓特征编程的正确性			
	6	零件简化特征编程的合理性			
	7	内轮廓加工下刀方式应用的合理性			
	8	走刀路线的正确性			
零件加工与检测	9	数控铣床操作的安全性			
	10	加工零件的正确性			
	11	检测加工零件的精度（附考核评分表）			
综合评价	12	考核评价标准：优、良、中、合格、不合格，纪律情况（20%）；考核情况（80%）			

学习反思

学习完成后反思自己的表现，并将学习后的收获填入表 4-26 中。

表 4-26　学习收获

类　型	内　容
掌握知识	
掌握技能	
收获体会	
需解决问题	
学生签名	

拓展内容

一、数控铣床程序的质量

程序的质量是衡量数控程序员水平的关键指标，其判定标准可归纳为：

1）完备性：即不存在加工残留区域。

2）误差控制：包括插补误差控制、残余高度（表面粗糙度）控制等。

3）加工效率：即在保证加工精度的前提下加工程序的执行时间。

4）安全性：指程序对可能出现的让、漏、撞刀及过切等不良现象的防范措施和效果。

5）工艺性：包括进/退刀、刀具选择、加工工艺规划（如加工流程及余量分配等）、切削方式（刀轨形式选择）、接刀痕迹控制以及其他各种工艺参数（如进给速度、主轴转速、切削方向、切削深度等）的设置等。

6）其他：如机床及刀具的损耗程度、程序的规范化程度等。

在评价数控程序质量的各项指标中，有一部分存在着一定程度的矛盾。例如，残余高度决定了加工表面的粗糙度，从加工质量来看，残余高度越小，加工表面质量越高，但加工效率就会降低。所以，在进行数控编程时，不应片面追求加工效率，而应综合权衡各项指标，在满足产品的质量要求及一定的加工可靠性的基础上提高加工效率。

思考与练习

一、选择题

1. 与数控加工工序卡无关的是________。

A. 数控加工的依据　　B. 产品验收的依据

C. 操作者执行的规程　　D. 产品质量控制依据

2. 不属于数控加工刀具卡片作用的是________。

A. 调刀人员准备和调整刀具的依据

B. 机床操作人员输入刀补参数的依据

C. 预防断刀事故

D. 清晰反映使用刀具的名称、编号、规格、长度等参数

3. 数控加工程序明细单的重要性是________。

A. 记录数控加工工艺过程、工艺参数、位移数据

B. 记录操作过程

C. 体现数控加工高效率的特点

D. 在实际运用中可有可无

4. 程序编制中首件试切的作用是________。

A. 检验零件图样的正确性　　　　B. 检验零件工艺方案的正确性

C. 检验程序单是否满足加工精度要求　　D. 仅检验数控穿孔带的正确性

5. ________是为安全进刀切削而规定的一个平面。

A. 初始平面　　B. R 点平面　　C. 孔底平面　　D. 零件表面

二、判断题

(　　) 1. 指令 M02 为程序结束，同时使程序还原（Reset）。

(　　) 2. 产品的质量与产品加工效率无关。

(　　) 3. 数控加工一般采用工序分散，每一加工工序可划分为多个工步。

(　　) 4. 执行 G00 的轴向速率是依据 F 值。

(　　) 5. 多面类零件加工的几何要素和加工工步较单一工序的零件都要多，以防止前道工序或工步对后续加工的干涉。

三、简答题

1. 加工工艺文件有哪些?

2. 数控加工工艺卡片的作用是什么?

3. 写出确定零件加工顺序的原则。

任务二　配合类零件的加工

工作任务

1）配合类零件数控加工工艺的制订。

2）配合类零件程序的编制。

3）配合类零件的加工操作。

4）完成图 4-33、图 4-34 所示配合类零件加工操作。图 4-35 所示为配合类零件的装配图。

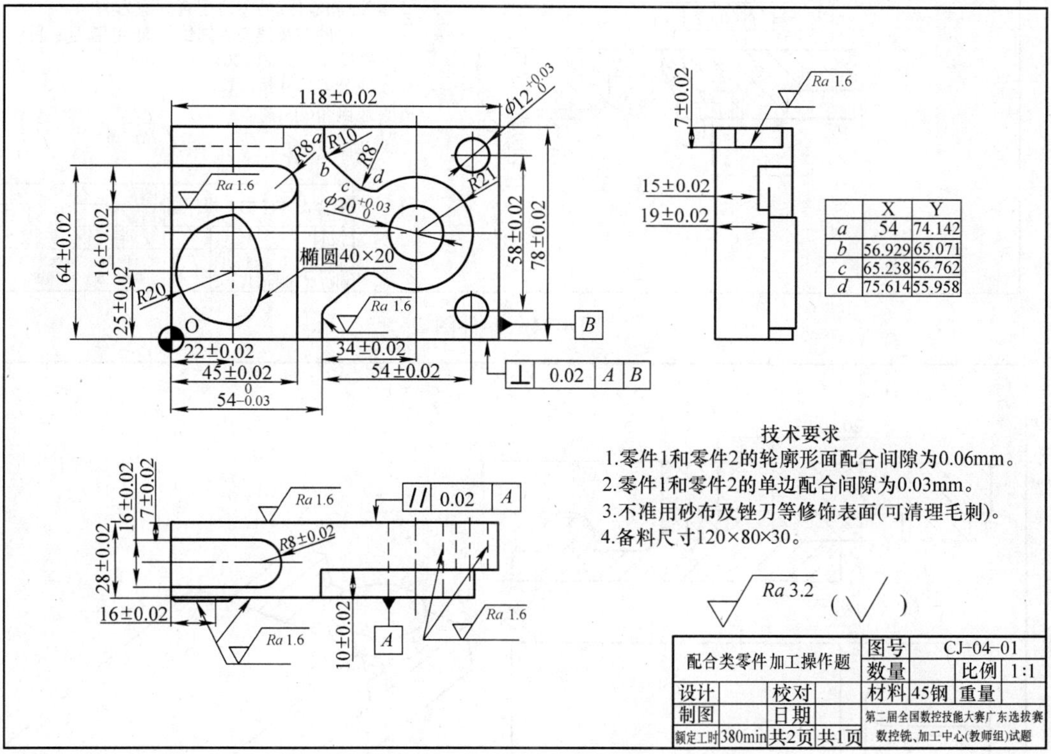

图 4-33　零件图 1

相关知识

一、配合类零件加工顺序的合理选择

配合类零件的加工顺序具有简单类零件与多面类零件加工的综合特征，在加工顺序的安排上除了要遵循其原则，还具有配合类零件特定的加工顺序特点。

各配合件单独加工。此种情况下按图样中的设计意图加工即可满足配合要求，这样的配合通常应用于配合件数不多的场合，如两件单一配合和两件多位置配合。这种配合往往对配

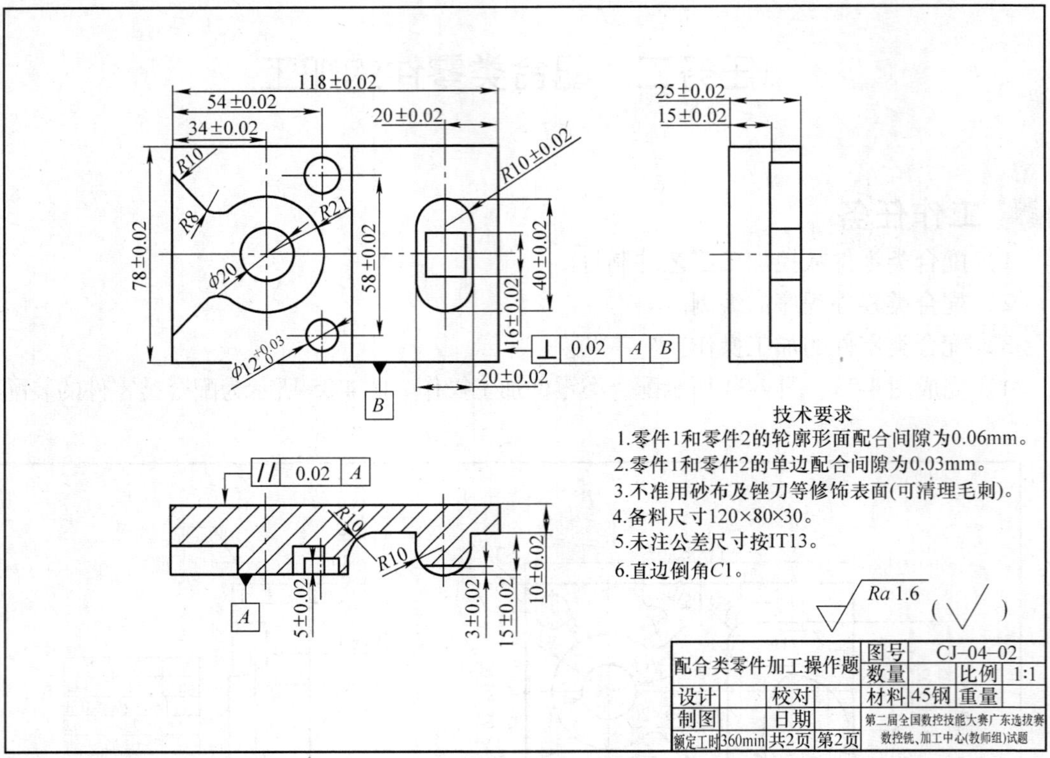

图 4-34　零件图 2

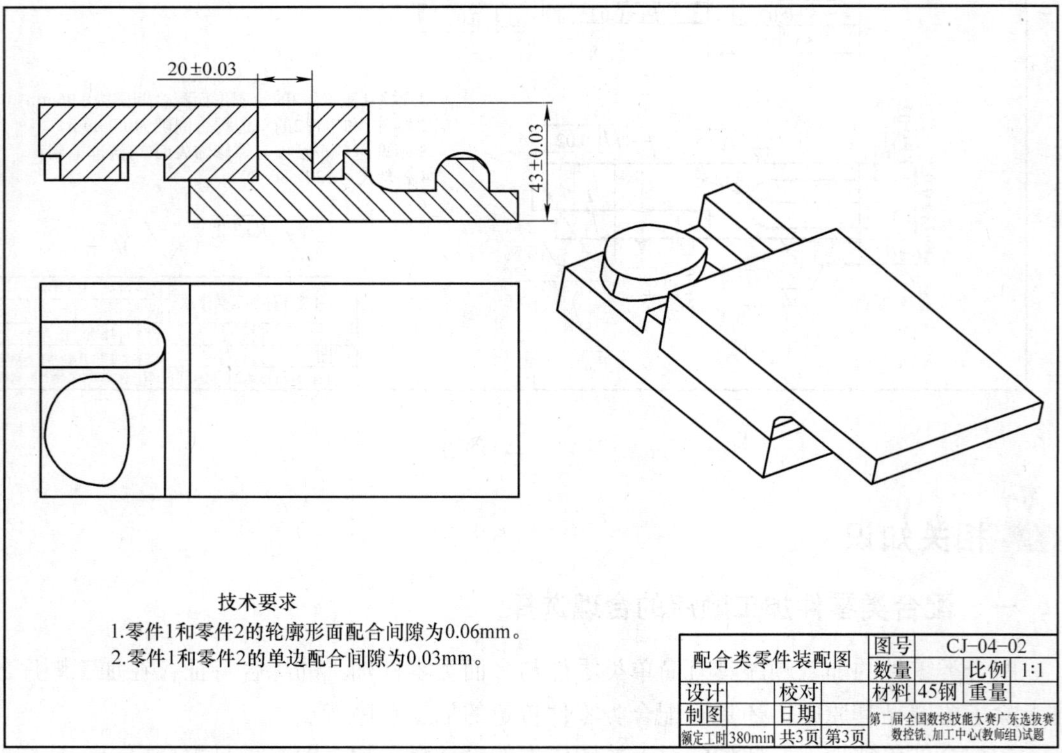

图 4-35　零件装配图

合尺寸公差、配合间隙、相对运动精度和密封要求均不会太高，多工位加工时采用分中对刀的方法即可。

各配合件配作。先选择一个能反映整套配合件特征的零件进行加工，再以这个工件的已加工部分为配合基准加工其余的零件。在配作前，应依据工程图样将需要配合的部分正确加工出来，再配作其他加工要素。

二、合理选择夹具

随着社会生产日益多样化和复杂化，通用夹具已不能满足生产成本和生产率的需求，因此，组合夹具应运而生，并发挥着重要的作用。

中、小批量工件在加工中心上加工时，可采用组合夹具进行装夹。由于可拆卸和重新组装，因此组合夹具是一种可重复使用的专用夹具系统。但组合夹具各元件间相互配合的环节较多，夹具刚性、精度比不上其他夹具。通常，采用组合夹具时其加工尺寸精度只能达到IT8～IT9级。其次，使用组合夹具首次投资大，总体显得笨重，还有排屑不便等不足。目前，常用组合夹具系统有槽系组合夹具系统和孔系组合夹具系统。

槽系组合夹具（见图4-36）是指元件上制作有标准间距的相互平行及垂直的T形槽或

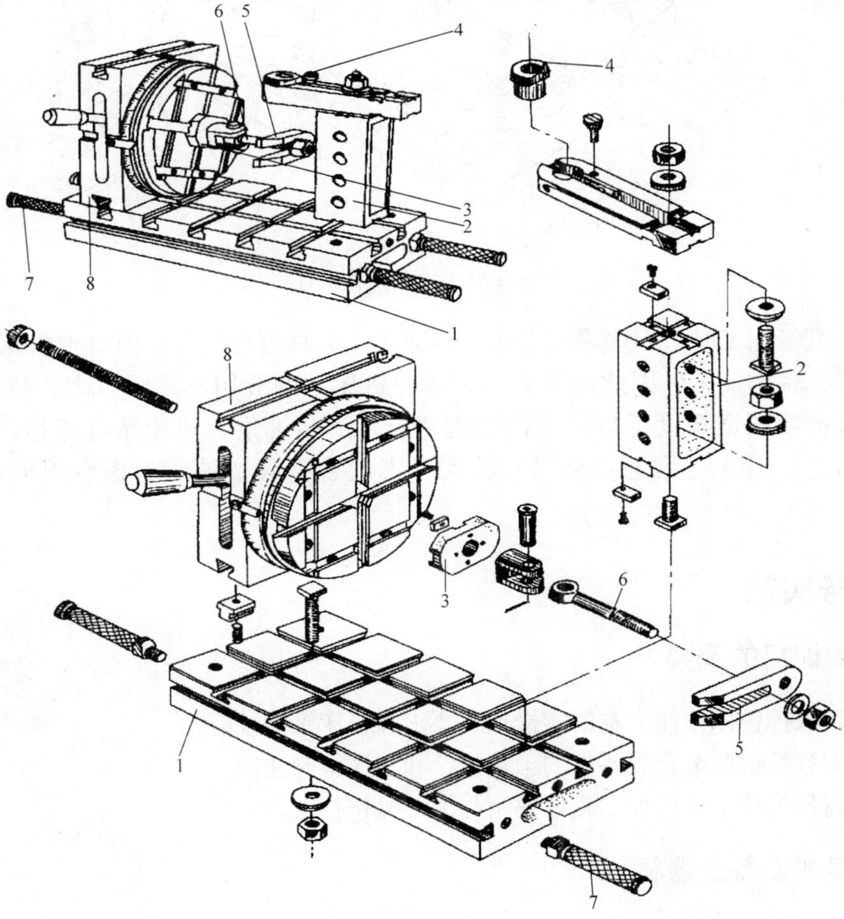

图4-36　槽系组合夹具

1—基础件　2—支承件　3—定位件　4—导向件　5—夹紧件　6—紧固件　7—其他件　8—合件

键槽，通过键在键槽中的定位，就能准确确定各元件在夹具中的准确位置，元件间用螺纹联接或紧固。由于槽系组合夹具各元件间相互位置都可由可沿槽中滑动的键或键在槽中的定位来确定，因此具有很好的可调节性。

孔系组合夹具（见图4-37）是指夹具元件之间的相互位置由孔和定位销来确定，而元件之间仍用螺纹联接紧固。孔系组合夹具与槽系组合夹具相比，具有刚性好、制造成本低、组装时间短、定位可靠的优点，其缺点是装配的灵活性较差，夹具上的元件位置不方便做无级调节。

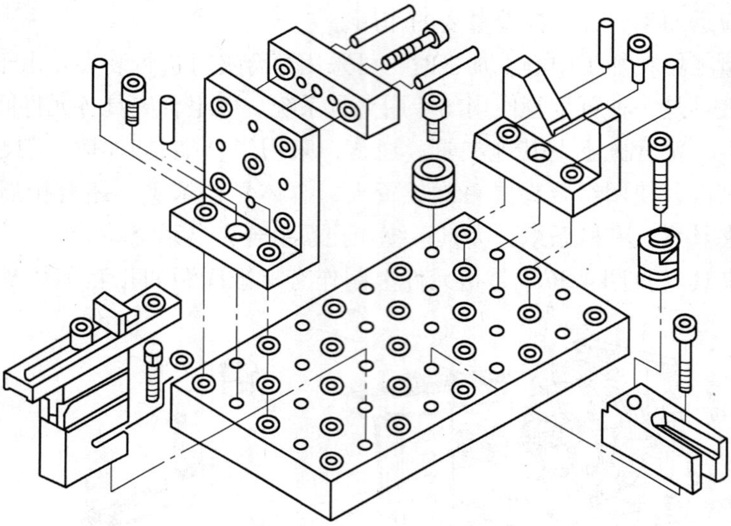

图4-37 孔系组合夹具

工件大批量加工时，大多采用专用夹具或成组夹具进行装夹，但由于数控机床适合单件、小批量工件的加工，因此此类夹具在数控机床上的应用不多。总之，数控机床上零件夹具的选择要根据精度等级、零件结构特点、产品批量及机床精度等情况综合考虑，其选择顺序是：首先考虑通用夹具，其次考虑组合夹具，最后考虑专用夹具和成组夹具。

任务实施

一、实训目的及要求

1）了解数控铣床技能大赛的实操加工要求和机床维护技能。
2）掌握数控铣床配合类零件的工艺设计和程序编制技能。
3）提高数控铣床零件加工程序编制与加工操作技能。

二、实训设备及器材

本任务所需的实训设备与器材见表4-27。

表 4-27　实训设备与器材

项　目	名　称	规　格	数　量
设备	数控铣床	M600 或 M650（华中系统或 FANUC 系统）	4～5 台
夹具	机用虎钳	20mm	4～5 台
刀具	立铣刀	ϕ8mm、ϕ10mm、ϕ12mm、ϕ16mm、ϕ20mm	各 4～5 把
	球头铣刀	R4mm	4～5 把
	钻头	ϕ11.6 mm	各 4～5 把
	铰刀	ϕ12mm	4～5 把
量具	卡尺	带表 150mm	4～5 把
	千分尺	千分尺 0～25mm、25～50mm	4～5 把
	半径样板	1～7.5mm、7.5～15mm	各 4～5 套
	测量棒	ϕ12mm	各 4～5 套
工具	分中棒	机械偏心式寻边器（ϕ10mm）	4～5 支
	Z 向对刀器	机械式 Z 向对刀器（带表 Z50mm）	4～5 个
材料	45 钢	120mm×80mm×30mm	每组 4～5 块
其他	毛刷、扳手、平行板等	配套	一批

三、实训内容与步骤

第一步，根据零件图和技术要求的分析，确定数控加工工艺方案。

1. 装夹方案的确定

该被加工零件形状一般复杂，毛坯形状为方形，尺寸为 120mm×80mm×30mm，六个面都要加工并且加工要素较多，面与面之间的位置精度要求很高，故可选用通用夹具精密机用虎钳，采用正反面两次装夹加工，先以毛坯较为平整光洁的表面和两个尺寸大的侧面作为粗基准加工零件的底面和四侧面 118mm×78mm，然后以加工好的底面和两个尺寸大的侧面作为精基准加工零件上表面的所有未加工要素，最后以侧面 118mm×28mm 及上下表面作为精基准加工侧面的要素。

2. 加工余量的确定

1）粗加工内、外轮廓留下加工余量为 0.3～0.5mm。

2）半精加工内、外轮廓留下加工余量为 0.1～0.2mm。

3）精加工内、外轮廓留下加工余量为 0.05～0.1mm。

4）粗加工平面留下加工余量为 0.1～0.2mm。

5）铰孔留下加工余量为 0.1～0.2mm。

3. 切削用量和切削液的选择

1）切削用量：根据加工材料、刀具材料等因素查表 3-1。

2）切削液：根据加工材料、刀具材料等因素选择油性切削液。

4. 加工顺序和刀具的选择（以加工刀具划分工序）

（1）图 4-33 所示的零件 1 的加工顺序与刀具选择见表 4-28。

表 4-28 零件 1 的加工顺序与刀具选择

程式号	刀具直径/mm	类 型	材 料	加 工 内 容
底面的加工顺序和刀具的选择				
O1	ϕ20	立铣刀	硬质合金	平面加工，深度 1mm
O2	ϕ20	立铣刀	硬质合金	粗、精加工四侧面（118mm×78mm），深度 19mm
上表面的加工顺序和刀具的选择				
O3	ϕ20	立铣刀	硬质合金	平面加工，保证高度 28mm
O4	ϕ20	立铣刀	硬质合金	粗、精加工凸台外轮廓（R8mm、R10mm、R21mm、54mm、78mm），深度 11mm
O5	ϕ11.6	钻头	高速钢	钻通孔三次（ϕ12mm 两处，ϕ20mm 1 处）
O6	ϕ12	铰刀	高速钢	铰孔两次（ϕ12mm 两处）
O7	ϕ12	立铣刀	硬质合金	粗、精加工左侧凹形轮廓（45mm，64mm），深度 9mm
O8	ϕ12	立铣刀	硬质合金	粗、精加工凹槽轮廓（16mm、R8mm、45mm），深度 13mm
O9	ϕ12	立铣刀	硬质合金	粗、精加工孔 ϕ20mm，深度 29mm
O10	ϕ12	立铣刀	硬质合金	粗、精加工半椭圆轮廓（R20mm 及椭圆），深度 9mm
侧面的加工顺序和刀具的选择				
O11	ϕ8	立铣刀	硬质合金	粗、精加工凹槽轮廓（16mm、45mm），深度 7mm

（2）零件 2（见图 4-34）的加工顺序与刀具选择 见表 4-29。

表 4-29 零件 2 的加工顺序与刀具选择

程式号	刀具直径/mm	类 型	材 料	加 工 内 容
底面的加工顺序和刀具的选择				
O12	ϕ20	立铣刀	硬质合金	平面精加工，深度 1mm
O13	ϕ20	立铣刀	硬质合金	粗、精加工四侧面（118mm×78mm），深度 19mm
上表面的加工顺序和刀具的选择				
O14	ϕ20	立铣刀	硬质合金	平面加工，保证高度 25mm
O15	ϕ10	立铣刀	硬质合金	粗、精加工轮廓（R8mm、R10mm、R21mm、54mm、78mm），深度 10mm
O16	ϕ10	立铣刀	硬质合金	粗、精加工圆形凸台
O17	ϕ8	立铣刀	硬质合金	粗、精加工不通孔（ϕ12mm 两处）
O18	ϕ12	立铣刀	硬质合金	粗、精加工跑道形凸台轮廓（20mm×40mm）
O19	ϕ12	立铣刀	硬质合金	粗、精加工长方形槽
O20	ϕ8	立铣刀	硬质合金	加工圆弧面
O21	ϕ8	球头铣刀	硬质合金	精加工 R10mm 的倒圆

第二步，根据数控加工工艺和加工程序编写数控加工程序文件。

1. 零件 1 底面加工

（1）底面加工 其加工程序见表 4-30。

表 4-30 底面加工的加工程序

程序号	O1
%1	%2000
G54 G90 G21 G0 Z100	G91 G1 X140 F500
M3 S2000	Y15
M8	X-140
G0 X-70 Y-50	Y15
G1 Z-1 F400	M99
M98 P2000 L5	
G90 G0 Z100	
M5 M9	
M30	

（2）外轮廓粗、精加工 其加工程序见表 4-31。

表 4-31 外轮廓粗、精加工的加工程序

程序号	O2
%2	%2000
G54 G90 G21 G0 Z100	G91 G1 Z-1 F500（粗 Z-1；精 Z-19）
M3 S1600（粗 S1600；精 S2000）	G90 G41 G1 Y-39 D01 （粗 D=10.2，F800；精 D=10，F400）
M8	X-59
G0 X0 Y-60	Y39
G1 Z0 F400	X59
M98 P2000 L19（粗 L19；精 L1）	Y-39
G90 G0 Z100	X0
M5 M9	G40 Y-60
M30	M99

2. 零件 1 顶面加工

（1）顶面加工，加工后零件厚度为 28mm 其加工程序见表 4-32。

表 4-32 顶面加工的加工程序

程序号	O3
%3	%2000
G54 G90 G21 G0 Z100	G91 G1 X140 F400
M3 S1600	Y15
M8	X-140
G0 X-70 Y-50	Y15
G1（Z-1）F400 （Z 控制高度 28mm，根据测量结果决定 Z 的值）	M99
M98 P2000 L5	
G90 G0 Z100	
M5	
M9	
M30	

（2）粗、精加工凸台外轮廓　图 4-38 所示为凸台外轮廓编程示意图，图 4-39 所示为凸台外轮廓零件示意图，其加工程序见表 4-33。

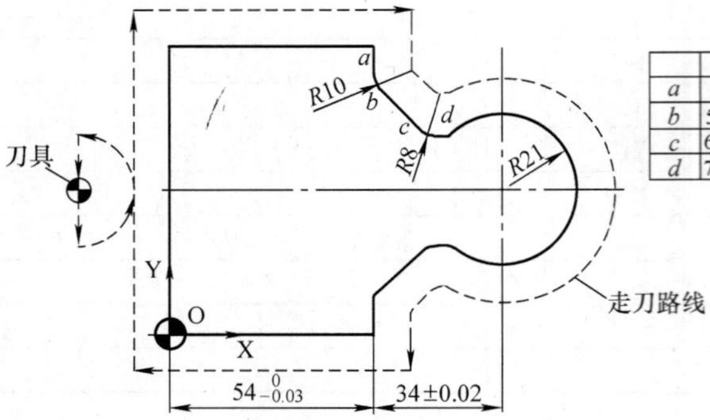

	X	Y
a	54	72.142
b	56.929	65.071
c	65.238	55.762
d	75.614	55.958

图 4-38　凸台外轮廓加工编程示意图

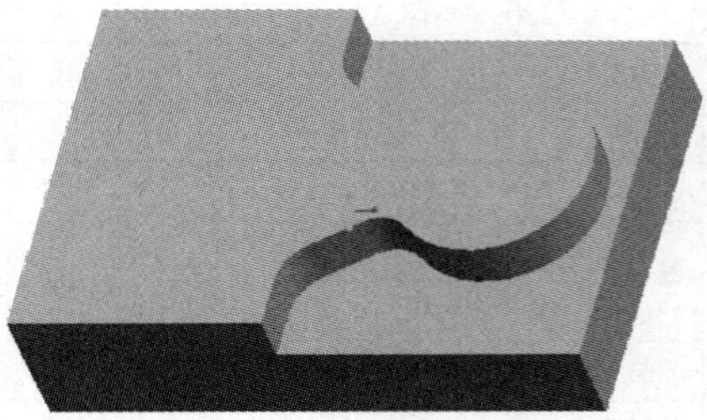

图 4-39　凸台外轮廓零件示意图

表 4-33　凸台外轮廓的加工程序

程序号	O4
%4	%2000
G54　G90　G21　G0　Z100	G91　G1　Z－1　F500（粗加工 Z－1；精 Z－11）
M3　S1600（粗加工 S1600；精 S2500）	G90　G41　G1　Y24　D01　F800（粗加工 F800；精 F400）（粗加工 D＝10. 2；半精 D＝6. 05；精 D＝6）
M8	G3　X0　Y39　R15
G0　X－15　Y39	G1　Y78
G1　Z0　F400	X54
M98　P2000　L11（粗加工 L11；精 L1）	Y72. 142
G90　G0　Z100	X56. 929　Y65. 071
M5	X65. 238　Y56. 762
M9	X75. 614　Y55. 958
M30	G2　X75. 614　Y22. 042　R－21
	G1　X65. 238　Y21. 238
	X56. 929　Y12. 929
	X54　Y5. 858
	Y0
	X0
	Y39
	G3　X－15　Y54　R15
	G40　G1　Y39
	M99

（3）钻通孔（钻中心孔程序编程示意图略）　图 4-40 所示为钻通孔编程示意图，图 4-41所示为钻通孔零件示意图，其加工程序见表 4-34。

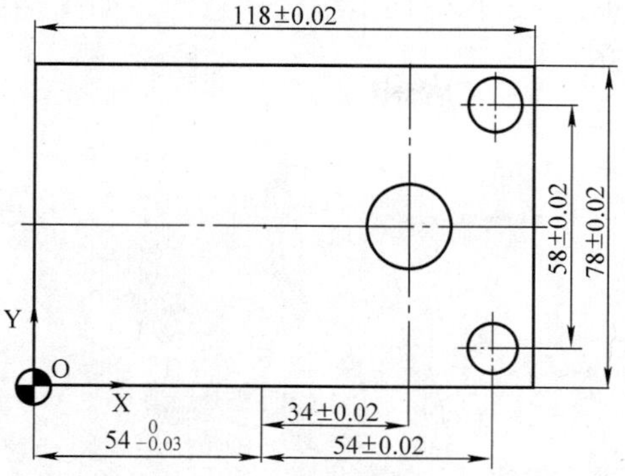

图 4-40　钻通孔编程示意图

图 4-41 钻通孔零件示意图

表 4-34　钻通孔的加工程序

程序号	O5
%5	
G54　G90　G21　G0　Z100	
M3　S500	G80
G0　X0　Y0	G90　G0　Z100
G99　G83　X88　Y10　Z－35　R5　Q－2　K1　F50	M5　M9
Y68	M30

（4）铰孔　图 4-42 所示为铰孔编程示意图，图 4-43 所示为铰孔零件示意图，其加工程序见表 4-35。

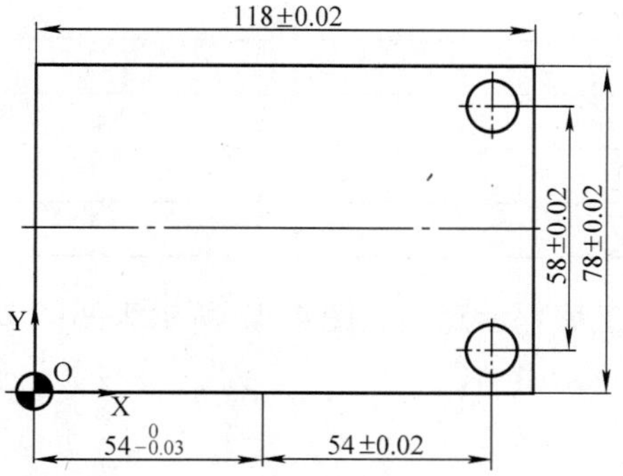

图 4-42　铰孔编程示意图

图 4-43　铰孔零件示意图

表 4-35　铰孔的加工程序

程序号	O6
%6	
G54　G90　G21　G0　Z100	Y68
M3　S300	G80
M8	G90　G0　Z100
G0　X0　Y0	M5　M9
G85　G99　X108　Y10　Z－32　R5　F30	M30

（5）粗、精加工左侧凹轮廓　图4-44所示为左侧凹轮廓加工编程示意图，如图4-45所示为左侧凹轮廓零件示意图，其加工程序见表4-36。

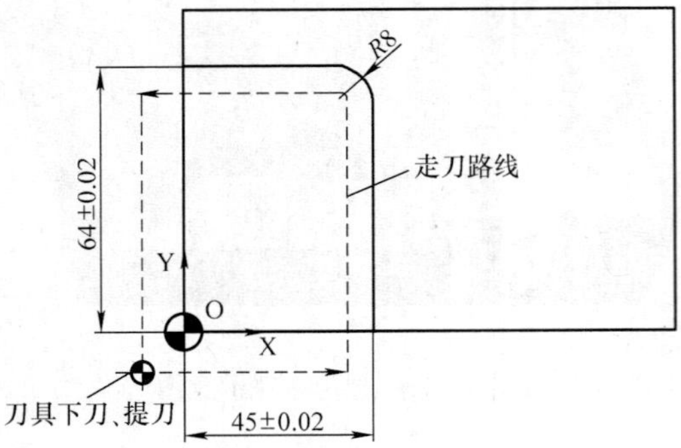

图4-44　左侧凹轮廓加工编程示意图

图4-45　左侧凹轮廓零件示意图

表4-36　左侧凹轮廓的加工程序

程序号	O7
%7	%2000
G54　G90　G21　G0　Z100	G91　G1　Z－1　F500（粗Z－1；精Z－9）
M3　S2000（粗S2000；精S2500）	G90　G41　G0　Y45　D01 （粗D＝6.2　F800；精D＝6，F400）
M8	G1　Y64　R8　F800
G0　X－10　Y－10	G1　X－10
G1　Z0　F400	G40　G0　Y－10
M98　P2000　L9（粗L9；精L1）	M99
G90　G0　Z100	
M5	
M9	
M30	

（6）粗、精加工凹槽　图4-46所示为凹槽加工编程示意图，图4-47所示为凹槽零件示意图，其加工程序见表4-37。

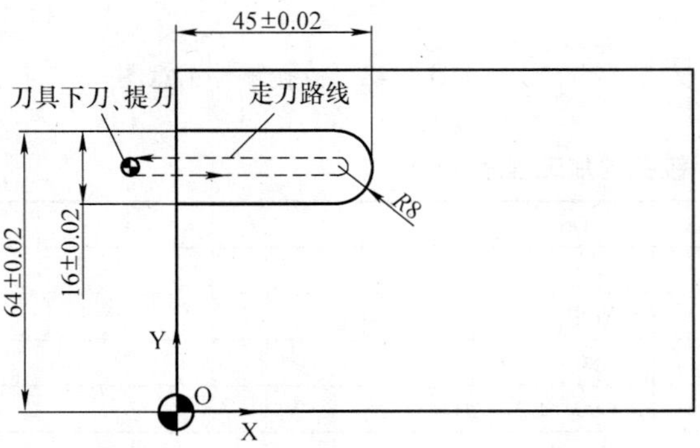

图4-46　凹槽加工编程示意图

图4-47　凹槽零件示意图

表 4-37　凹槽加工的加工程序

程序号	O8
%8	%2000
G54　G90　G21　G0　Z100	G91　G1　Z－1　F500（粗 Z－1；精 Z－13）
M3　S2000（粗 S2000；精 S2500）	G90　G41　G1　Y48　D01　F800 （粗 D＝6.2　F800；精 D＝6，F400）
M8	G1　X37
G0　X－10　Y56	G3　Y64　R8
G1　Z0　F400	G1　X－10
M98　P2000　L13（粗 L13；精 L1）	G40　G1　Y56
G90　G0　Z100	M99
M5	
M9	
M30	

（7）粗、精加工通孔　图 4-48 所示为通孔加工编程示意图，图 4-49 所示为通孔零件示意图，其加工程序见表 4-38。

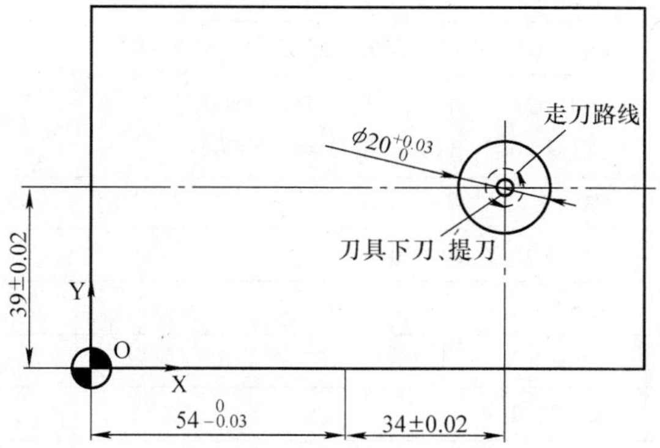

图 4-48　通孔加工编程示意图

图 4-49　通孔零件示意图

表 4-38　通孔的加工程序

程序号	O9
%9	%2000
G54　G90　G21　G0　Z100	G91　G1　Z－1　F500（粗 Z－1；精 Z－29）
M3　S2500（粗 S2000；精 S2500）	G91　G41　G1　X10　D01　F800 （粗 D＝6.2　F800；精 D＝6，F400）
M8	G3　I－10
G0　X88　Y39	G40　G1　X－10
G1　Z0　F400	M99
M98　P2000　L29（粗 L29；精 L1）	
G90　G0　Z100	
M5	
M9	
M30	

（8）粗、精加工半椭圆 图4-50所示为半椭圆加工编程示意图，图4-51所示为半椭圆零件示意图，其加工程序见表4-39。

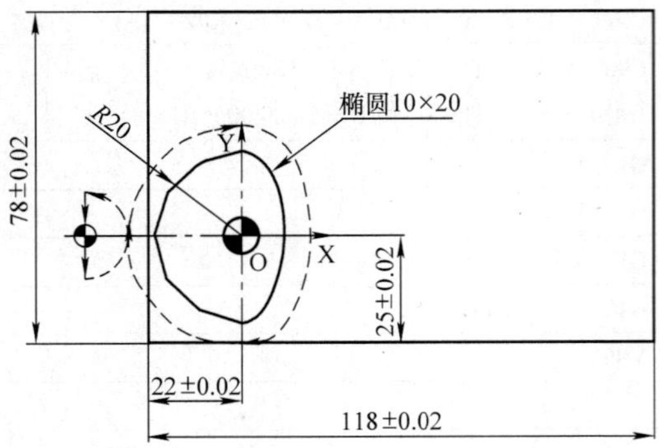

图4-50 半椭圆加工编程示意图

图4-51 半椭圆零件示意图

表4-39 半椭圆加工程序

程序号	O10
%10	%2000
G54 G90 G21 G0 Z100	G91 G1 Z-1 F500（粗Z-1；精Z-9）
M3 S2000（粗S2000；精S2500）	G90 G41 G1 Y-10 D01 F800 （粗D=6.2，F800；精D=6，F400）
M8	G3 X-20 Y0 R10
G0 X-30 Y0	G2 X0 Y20 R20
G1 Z0 F400	#1=90
M98 P2000 L9（粗L9；精L1）	#10=-90
G90 G0 Z100	#2=20/2
M5	#3=40/2
M9	WHILE [#1 GE #10]
M30	#4=#2*COS [#1*PI/180]
	#5=#3*SIN [#1*PI/180]
	G1 X#4 Y#5
	#1=#1-1
	ENDW
	G2 X-20 Y0 R20
	G3 X-30 Y10 R10
	G40 G1 Y0
	M99

3. 零件1侧面加工（用旧刀先做所有工序的粗加工，再换新刀做所有工序的精加工）

粗、精加工凹槽特征。图4-52所示为凹槽特征编程示意图，图4-53所示为凹槽特征零件示意图，其加工程序见表4-40。

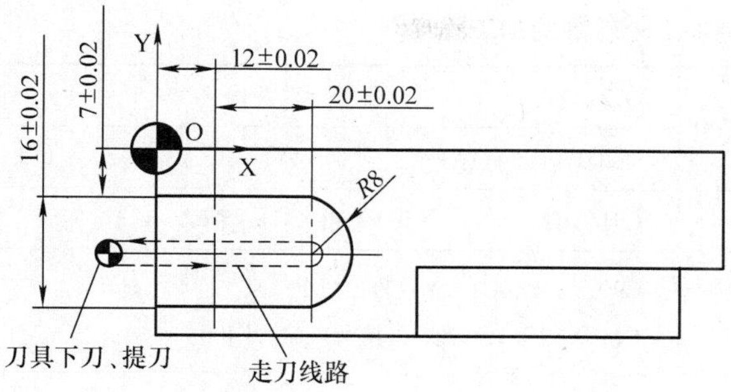

图 4-52　凹槽特征编程示意图

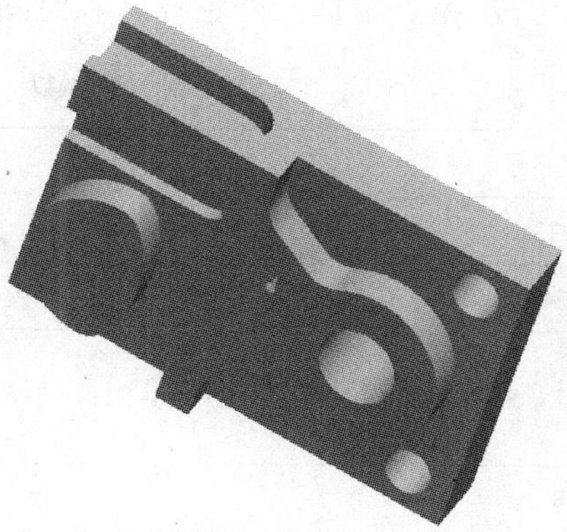

图 4-53　凹槽特征零件示意图

表 4-40　凹槽加工的加工程序

程序号	O11
%11	%2000
G54　G90　G21　G0　Z100	G91　G1　Z－1　F500（粗 Z－1；精 Z－7）
M3　S2500（粗 S2500；精 S3000）	G90　G41　G1　Y－8　D01　F800 （粗 D＝4.2，F600；精 D＝4，F400）
M8	G1　X42
G0　X－10　Y－15	G3　Y16　R8
G1　Z0　F400	G1　X－42
M98　P2000　L7（粗 L7；精 L1）	G40　G1　Y－8
G90　G0　Z100	M99
M5	
M9	
M30	

4. 零件 2 底面加工步骤（用旧刀先进行所有工序的粗加工，再换新刀进行所有工序的精加工）

（1）精加工平面（示意图略）　其加工程序见表 4-41。

表 4-41　精加工平面的加工程序

程序号	O12
%12	%2000
G54　G90　G21　G0　Z100	G91　G1　X140　F500
M3　S2000	Y15
M8	X－140
G0　X－70　Y－50	Y15
G1　Z－1　F400	M99
M98　P2000　L5	
G90　G0　Z100	
M5　M9	
M30	

(2) 粗、精加工外轮廓(示意图略) 其加工程序见表4-42。

表4-42 粗、精加工外轮廓的加工程序

程序号	O13
%13	%2000(子程序)
G54 G90 G21 G0 Z100	G91 G1 Z-1 F500(粗Z-1;精Z-19)
M3 S1600(粗S1600;精S2000)	G90 G41 G1 Y-39 D01 (粗D=10.2,F800;精D=10,F400)
M8	X-59
G0 X0 Y-60	Y39
G1 Z0 F400	X59
M98 P2000 L19(粗L19;精L1)	Y-39
G90 G0 Z100	X0
M5 M9	G40 Y-60
M30	M99

5. 零件2上表面的加工步骤(用旧刀先进行所有工序的粗加工,再换新刀进行所有工序的精加工)

(1) 加工平面(控制零件高度25mm,示意图略) 其加工程序见表4-43。

表4-43 加工平面的加工程序

程序号	O14
%14	%2000
G54 G90 G21 G0 Z100	G91 G1 X140 F400
M3 S1600	Y15
M8	X-140
G0 X-70 Y-50	Y15
G1 (Z-1) F400 (Z控制高度25mm,根据测量结果决定Z的值)	M99
M98 P2000 L5	
G90 G0 Z100	
M5	
M9	
M30	

(2) 粗、精加工凹轮廓 图4-54所示为凹轮廓加工编程示意图,图4-55所示为凹轮廓零件示意图,其加工程序见表4-44。

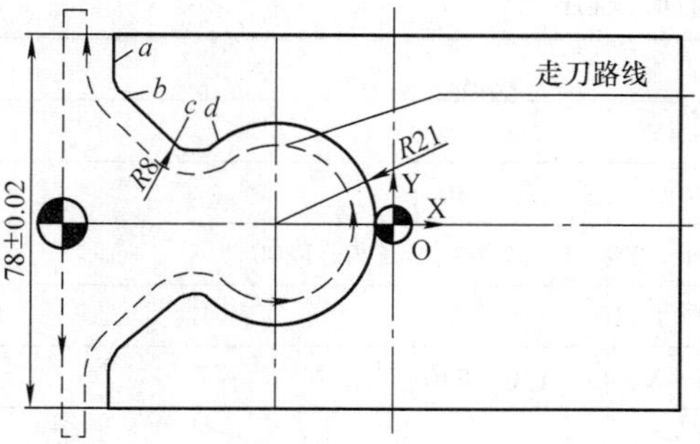

图 4-54 凹轮廓加工编程示意图

图 4-55 凹轮廓零件示意图

表 4-44 凹轮廓的加工程序

程序号	O15
%15	%02
G21 G54 G64	G91 G1 Z-0.5
M3 S1800 （粗 S1800；精 S2500）	G90 G41 G0 Y-50 D01 （粗 D=5.2，F800；精 D=5，F400）
G0 Z50	G1 X-59 F1000
X-70 Y0	Y-33.142
Z5	G2 X-56.071 Y-26.071 R10
G1 Z0 F300	G1 X-47.762 Y-17.762
M98 P02 L20（粗 L20；精 L1）	G2 X-37.386 Y-16.958 R8
G0 Z50	G3 Y16.958 R-21
M30	G2 X-47.762 Y17.762 R8
	G1 X-56.071 Y26.071
	G2 X-59 Y33.142 R10
	G1 Y50
	X-70
	G40 G0 Y0
	M99

（3）粗、精加工圆凸台 图 4-56 所示为圆凸台加工编程示意图，图 4-57 所示为圆凸台零件示意图，其加工程序见表 4-45。

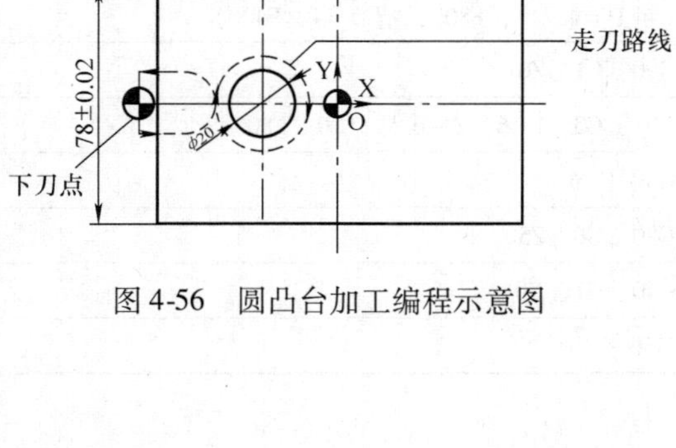

图 4-56 圆凸台加工编程示意图

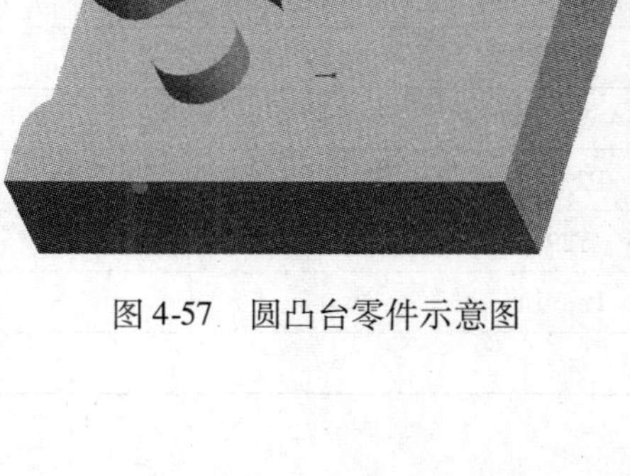

图 4-57 圆凸台零件示意图

表 4-45 圆凸台的加工程序

程序号	O16
%16	X-45
G21 G54 G64	G3 X-35 Y0 R10
M3 S2500 （粗 S1800；精 S2500）	G91 G2I-10 Z-0.5 L20 F800
G90 G0 Z50	G2 I-10
X-65 Y0	G3 X-45 Y10 R10
Z5	X-65
G01 Z0 F500	G90 G0 Z50
G41 G1 Y-10 D01 F800 （粗 D=5.2 ，F800；精 D=5，F400）	G40 G1 Y0
	M30

（4）粗、精加工不通孔 图 4-58 所示为不通孔加工编程示意图，图 4-59 所示为不通孔零件示意图，其加工程序见表 4-46。

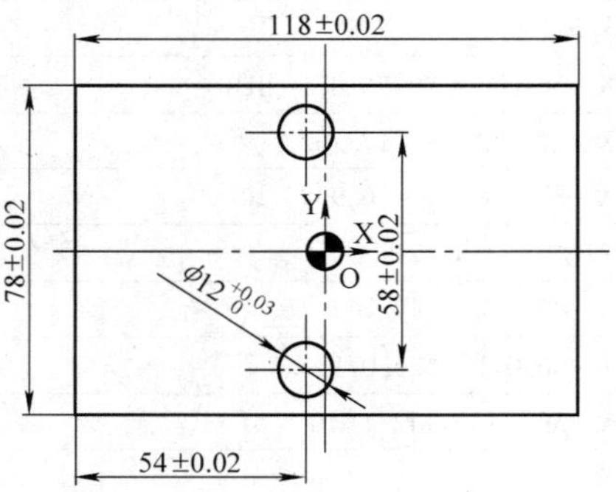

图 4-58 不通孔加工编程示意图

图 4-59 不通孔零件示意图

表 4-46 不通孔的加工程序

程序号	O17
%17	%2
G21 G54 G64	G90 G0Z5
M3 S2500 （粗 S1800；精 S2500）	G91 G41 G1 X6 D01 F500 （粗 D=4.2 ，F800；精 D=4，F400）
G90 G0 Z50	G90 G1 Z0
X-5 Y-29	G91 G3 I-6 Z-0.5 L20 F800
M98 P2 L1	G3 I-6
X-5 Y29	G90 G0 Z50
M98 P2 L1	G40 G1 X0
M30	M30

（5）粗、精加工跑道凸台　图4-60所示为跑道凸台的加工编程示意图，图4-61所示为跑道凸台零件示意图，其加工程序见表4-47。

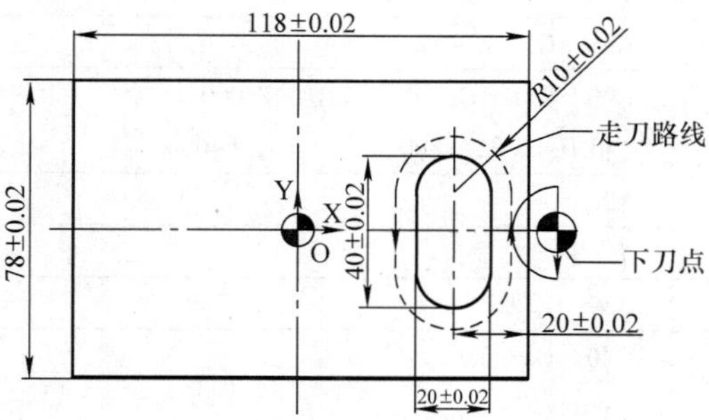

图4-60　跑道凸台加工编程示意图

图4-61　跑道凸台零件示意图

表4-47　跑道凸台的加工程序

程序号	O18
%18	%02
G21　G54　G64	G91　G1　Z-0.5　F300（粗Z=-0.5　精Z=-15）
M3　S2500 （粗S1800；精S2500）	G90　G41　G1　Y21　D01　F1000 （粗D=6.2，F800；精D=6，F400）
G0　Z50	G3　X49　Y0　R21
X70　Y0	G1　Y-10
Z5	G2　X29　R10
G1　Z0　F300	G1　Y10
M98　P02　L30（粗L=30　精L=1）	G2　X49　R10
G0　Z50	G1　Y0
M30	G3Y-21　X70　R21
	G40　G1　Y0
	M99

（6）粗、精加工跑道凸台长方槽　图4-62所示为跑道凸台长方槽的加工编程示意图，图4-63所示为其零件示意图，其加工程序见表4-48。

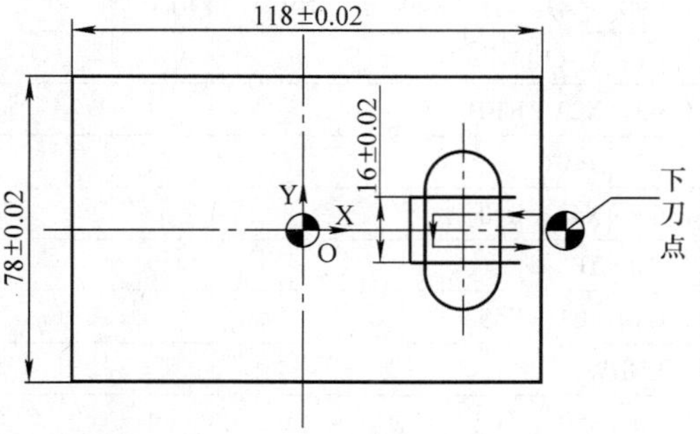

图4-62　跑道凸台长方槽的加工编程示意图

图4-63　跑道凸台长方槽零件示意图

表 4-48 跑道凸台长方槽的加工程序

程序号	O19
%19	%02
G21 G54 G64	G91 G1 Z-0.5
M3 S2500 (粗 S1800；精 S2500)	G90 G41 G1 Y8 D01 F1000 (粗 D=6.2，F800；精 D=6，F400)
G0 Z50	X20
X59 Y0	Y-8
Z5	X59
G1 Z0 F300	G40 G1 Y0
M98 P02 L6 (粗 L=6 精 L=1)	M99
G0 Z50	
M30	

（7）宏程序粗、精加工圆角 图 4-64 所示为圆角加工的编程示意图，图 4-65 所示为圆角零件示意图，其加工程序见表 4-49。

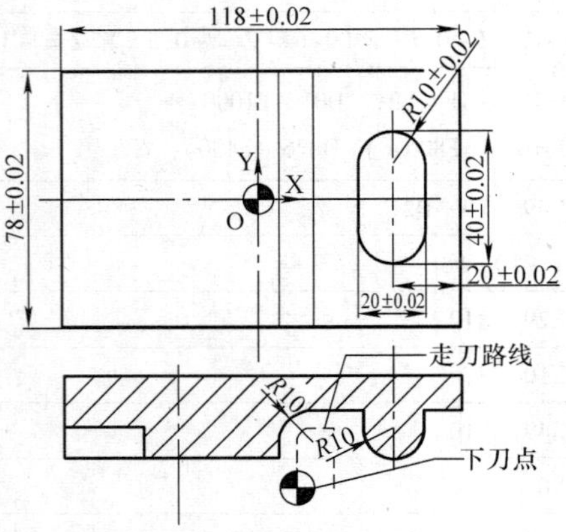

图 4-64 圆角加工的编程示意图

图 4-65 圆角零件示意图

表 4-49 圆角的加工程序

程序号	O20
%20	#101=COS [#1*PI/180] *#2-#3
G21 G54 G64	G90 G1Z [#4] F300
M3 S3000	G90 G41 G1 X49 D [101] F1000
G0 Z50	G1 Y-10
X55 Y0	G3 X29 R10
Z5	G1 Y10
G1Z-14 F300	G3 X49 R10
#1=0	G1 Y0
#2=14	G40 G1 X55
#3=10	ENDW
WHILE [#1LE90]	G0 Z50
#3=SIN [#1*PI/180] *#2-#2	M30

（8）精加工半圆面　图4-66所示为半圆面加工的编程示意图，图4-67所示为半圆面零件示意图，其加工程序见表4-50。

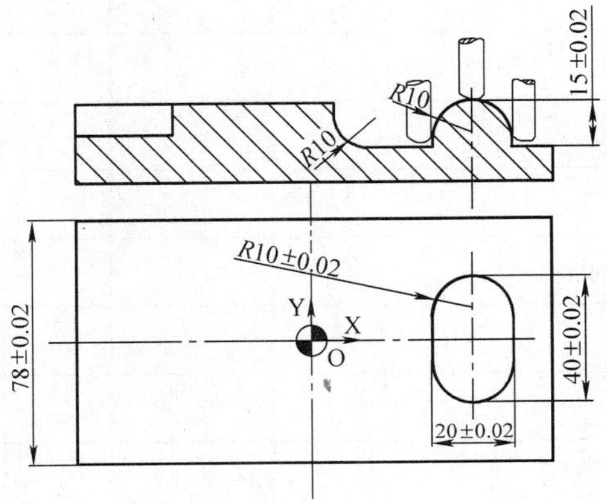

图4-66　半圆面加工的编程示意图

图4-67　半圆面零件示意图

表4-50　半圆面的加工程序

程序号	O21
%21	%02
G21　G54　G64	G91　G1　Y0.15　F1000
M3　S2800	G90　G3　X53　Z-14　I-14
G18　G0　Z50	G91　G1　Y0.15
X25　Y-25	G90　G2　X25　Z-14　I-14
Z5	M99
G1Z-15　F300	
M98　P02　L300	
G0　Z50	
M30	

第三步，根据数控大赛的要求操作数控铣床，加工零件并进行检测。

第四步，操作数控铣床加工零件。

考核评价

此任务的考核评价标准见表4-51。表4-52为零件1的考核评分表，表4-53为零件2的考核评分表，表4-54为配合考核评分表。

表 4-51 考核评价标准

项目	序号	考核内容及要求	学生自评	学生互评	教师评价
数控加工工艺的设计	1	装夹方案的合理性			
	2	加工路线和工序划分的合理性			
	3	刀具和切削用量选择的合理性			
编制零件加工程序	4	零件平面特征编程的正确性			
	5	零件二维轮廓特征编程的正确性			
		零件简化特征编程的合理性			
		零件孔类特征编程的合理性			
	6	零件宏程序编程的合理性			
零件加工与检测	7	数控铣床操作的安全性			
		加工零件的正确性			
	8	检测加工零件的精度（附考核评分表）			
综合评价	9	考核评价标准：优、良、中、合格、不合格，纪律情况（20%）；考核情况（80%）			

表 4-52 零件 1 的考核评分表

工种	数控铣床	图号		单位		总得分		
竞赛批次			机床编号		姓名		年龄	
准考证号				考核日期		额定时间	360min	
序号	考核项目	考核内容及要求	配分	评分标准	检测结果	扣分	得分	备注
1	总体外形尺寸	（118 ±0.02）mm	2	超差 0.01mm 扣 0.5 分				
2		（78 ±0.02）mm	2	超差 0.01mm 扣 0.5 分				
3		（28 ±0.02）mm	2	超差 0.01mm 扣 0.5 分				
4	工件正面外形尺寸	（64 ±0.02）mm	2	超差 0.01mm 扣 0.5 分				
5		（16 ±0.02）mm	2	超差 0.01mm 扣 0.5 分				
6		（20 ±0.02）mm	2	超差 0.01mm 扣 0.5 分				
7		（45 ±0.02）mm	2	超差 0.01mm 扣 0.5 分				
8		（58 ±0.02）mm	2	超差 0.01mm 扣 0.5 分				
9		（54 ±0.02）mm	2	超差 0.01mm 扣 0.5 分				
10	工件侧面外形尺寸	（12 ±0.02）mm	2	超差 0.01mm 扣 0.5 分				
11		（16 ±0.02）mm	2	超差 0.01mm 扣 0.5 分				
12		（16 ±0.02）mm	2	超差 0.01mm 扣 0.5 分				
13		（7 ±0.02）mm	2	超差 0.01mm 扣 0.5 分				

（续）

序号	考核项目	考核内容及要求	配分	评分标准	检测结果	扣分	得分	备注
14	高度尺寸	(7 ±0.02) mm	1	超差0.01mm扣0.5分				
15		(7 ±0.02) mm	1	超差0.01mm扣0.5分				
16		(8 ±0.02) mm	2	超差0.01mm扣0.5分				
17		(10 ±0.02) mm	2	超差0.01mm扣0.5分				
18		(15 ±0.02) mm	2	超差0.01mm扣0.5分				
19		(19 ±0.02) mm	2	超差0.01mm扣0.5分				
20	圆弧	*R*4mm（1处）	1	不成形不得分				
21		*R*8mm（3处）	3					
22		*R*10mm（1处）	1					
23		*R*20mm（1处）	1					
24		*R*21mm（4处）	1					
25	孔类	ϕ (12 ±0.02) mm	2	超差0.01mm扣0.5分				
26		ϕ12mm	2	超差0.01mm扣0.5分				
27		ϕ20mm	2	超差0.01mm扣0.5分				
28	椭圆	长轴40mm	1	超差0.03mm扣1分				
29		短轴20mm	1	超差0.03mm扣1分				
30	倒角	*C*0.5	2	每处不成形不得分				
31	几何公差	平行度 *A*　0.02mm（1处）	2	每处超差0.02mm扣1分				
32		垂直度 *A*、*B*　0.02mm	2	超差0.02mm扣1分				
33	表面粗糙度值	*Ra*1.6μm（4处）	3	每处超差扣0.5分				
34	文明生产	按有关规定每违反一项从总分中扣3分，发生重大事故取消考试。扣分不超过10分						
35	程序编制	① 程序要完整，连续加工（除试切、分中抄数、对刀外，不允许手动加工） ② 加工中有违反数控工艺（如未按小批量生产条件编程等），酌情扣分 ③ 扣分不超过20分						
36	其他项目	① 一般按照GB/T 1804—2000的规定 ② 工件必须完整，考件局部无缺陷（夹伤等） ③ 扣分不超过10分						
37	加工时间	总定额时间：360min，到时间停止加工						
38	总分	60分						
记录员		监考人		检验员		考评人		

表 4-53 零件 2 的考核评分表

工种	数控铣床	图号		单位		总得分		
竞赛批次		机床编号		姓名		年龄		
准考证号				考核日期		额定时间	360min	
序号	考核项目	考核内容及要求	配分	评分标准	检测结果	扣分	得分	备注
1	总体外形尺寸	(118 ±0.02) mm	2	超差 0.01mm 扣 0.5 分				
2		(78 ±0.02) mm	2	超差 0.01mm 扣 0.5 分				
3		(25 ±0.02) mm	2	超差 0.01mm 扣 0.5 分				
4	工件正面外形尺寸	(16 ±0.02) mm	2	超差 0.01mm 扣 0.5 分				
5		(40 ±0.02) mm	2	超差 0.01mm 扣 0.5 分				
6		(58 ±0.02) mm	2	超差 0.01mm 扣 0.5 分				
7		(20 ±0.02) mm	2	超差 0.01mm 扣 0.5 分				
8	高度尺寸	(3 ±0.02) mm	1	超差 0.01mm 扣 0.5 分				
9		(5 ±0.02) mm	1	超差 0.01mm 扣 0.5 分				
10		(10 ±0.02) mm	1	超差 0.01mm 扣 0.5 分				
11		(15 ±0.02) mm (2 处)	1	超差 0.01mm 扣 0.5 分				
12	圆弧	*R*8mm (1 处)	1	不成形不得分				
13		*R*10mm (4 处)	2					
14		*R*21mm (1 处)	1					
15	孔类	*ϕ* (12 ±0.02) mm	2	超差 0.01mm 扣 0.5 分				
16		*ϕ*20mm	1	超差 0.01mm 扣 0.5 分				
17	倒角	*C*0.5	1	每处不成形不得分				
18	几何公差	平行度 *A* 0.02mm (1 处)	1	每处超差 0.02mm 扣 1 分				
19		垂直度 *A*、*B* 0.02mm	1	超差 0.02mm 扣 1 分				
20	表面粗糙度值	*Ra*1.6μm (4 处)	2	每处超差扣 0.5 分				
21	文明生产	按有关规定每违反一项从总分中扣 3 分，发生重大事故取消考试。扣分不超过 10 分						
22	程序编制	① 程序要完整，连续加工（除试切、分中抄数、对刀外，不允许手动加工） ② 加工中有违反数控工艺（如未按小批量生产条件编程等），酌情扣分 ③ 扣分不超过 20 分						
23	其他项目	① 一般按照 GB/T 1804—2000 的规定 ② 工件必须完整，考件局部无缺陷（夹伤等） ③ 扣分不超过 10 分						
24	加工时间	总定额时间：360min，到时间停止加工						
25	总分	30 分						
记录员		监考人		检验员		考评人		

表 4-54 配合考核评分表

工种	数控铣床	图号		单位			总得分	
竞赛批次			机床编号		姓名		年龄	
准考证号				考核日期		额定时间	360min	
序号	考核项目	考核内容及要求	配分	评分标准	检测结果	扣分	得分	备注
1	配合	(43 ±0.03) mm	4	超差 0.01mm 扣 1 分				
2		φ (20 ±0.03) mm (64 ±0.03) mm	4	超差 0.01mm 扣 1 分				
3		配合为过渡配合	2	不能完全配合，酌情扣分				
4	文明生产	按有关规定每违反一项从总分中扣 3 分，发生重大事故取消考试。扣分不超过 10 分						
5	总分	10 分						
记录员		监考人		检验员		考评人		

学习反思

学习完成后反思自己的表现，并把学习收获填入表 4-55。

表 4-55 学习收获

类　型	内　容
掌握知识	
掌握技能	
收获体会	
需解决问题	
学生签名	

思考与练习

一、选择题

1. 配合类零件加工顺序的合理选择原则，说法正确的有________。

A. 按图号逐步加工　　B. 各配合件配作

C. 先易后难　　D. 只要能加工，顺序无所谓

2. 下列属组合夹具的是________。

A. 机用虎钳　　B. 万向分度头　　C. 自定心卡盘　　D. 槽系夹具

3. 华中数控系统孔加工数据，在 G91 时，Z 是________到孔底的距离。

A. 初始平面　　B. R 点平面　　C. 工件平面　　D. 终点平面

4. 在 G91 模式下的程序：

N70　G02　X45　Y90　R65　F100；

N80　G03　X45　Y90　R65　F100；

为了简化编程，可将 N70 和 N80 程序段改为 N75 G02 G03 X45 Y90 R65 F100；则________。

A. 功能不变　　B. 只执行 G02 功能

C. 只执行 G03 功能　　D. F 的值应该是 200

5. 切削进给速度的极大值（各轴用的）可以以参数设置，如果所设定的________超过这个极大值，那么进给速度将被截止为某一不超出极大值的速度值。

A. 恒定速度　　B. 切削速度　　C. 进给速度　　D. 实际切削进给速度

二 判断题

（　）1. 圆弧插补指令（G02、G03）中，I、K 地址的值无方向，用绝对值表示。

（　）2. 在编程时，要尽量避免法向切入和进给中途停顿，以防止在零件表面上留下划痕。

（　）3. 用多个支撑点同时限制一个自由度，使过定位工件的定位更加稳固。

（　）4. G00 为快速定位指令，是指刀具从机床原点以各轴预定的快速移动速度快速移动到程序段所指令的下一个定位点。

（　）5. 华中数控系统中 S 所编程的主轴转速可以用机床面板上的主轴倍率开关调整。

三、简答题

1. 何谓刀具轨迹的左补偿和右补偿？在生产实践中如何判断？
2. 什么是顺铣？什么是逆铣？数控机床的顺铣和逆铣各有什么特点？
3. 制订零件数控铣削加工工艺的目的是什么？其主要内容有哪些？

附录　数控铣床中级操作工要求

职业功能	工作内容	技能要求	相关知识
一、工艺准备	（一）读图	1. 能够读懂机械制图中的各种线型和尺寸标注 2. 能够读懂标准件和常用件的表示法 3. 能够读懂一般零件的三视图、局部视图和剖视图 4. 能够读懂零件的材料、加工部位、尺寸公差及技术要求	1. 机械制图国家标准 2. 标准件和常用件的规定画法 3. 零件三视图、局部视图和剖视图的表达方法 4. 公差配合的基本概念 5. 形状、位置公差与表面粗糙度的基本概念 6. 金属材料的性质
	（二）编制简单加工工艺	1. 能够制订简单的加工工艺 2. 能够合理选择切削用量	1. 加工工艺的基本概念 2. 钻、铣、扩、铰、镗、攻螺纹等工艺特点 3. 切削用量的选择原则 4. 加工余量的选择方法
	（三）工件的定位和装夹	1. 能够正确使用机用虎钳、压板等通用夹具 2. 能够正确选择工件的定位基准 3. 能够用量表找正工件 4. 能够正确夹紧工件	1. 定位夹紧原理 2. 机用虎钳、压板等通用夹具的调整及使用方法 3. 量表的使用方法
	（四）刀具准备	1. 能够依据加工工艺卡选取刀具 2. 能够在主轴上正确装卸刀具 3. 能够用刀具预调仪或在机内测量刀具的半径及长度 4. 能够准确输入刀具有关参数	1. 刀具的种类及用途 2. 刀具系统的种类及结构 3. 刀具预调仪的使用 4. 自动换刀的使用方法 5 刀具长度补偿值、半径补偿值及刀号等参数的输入方法
二、编制程序	（一）编制孔类加工程序	1. 能够手工编制钻、扩、铰、等孔类加工程序 2. 能够使用固定循环及子程序	1. 常用数控指令（G 代码、M 代码）的含义 2. S 指令、T 指令和 F 指令的含义 3. 数控指令的结构与格式 4. 固定循环指令的含义 5. 子程序的嵌套
	（二）编制二维轮廓程序	1. 能够手工编制平面铣削程序 2. 能够手工编制含直线插补、圆弧插补二维轮廓的加工程序	1. 几何图形中直线与直线、直线与圆弧、圆弧与圆弧交点的计算方法 2. 刀具半径补偿的作用

（续）

职业功能	工作内容	技能要求	相关知识
三、基本操作及日常维护	（一）日常维护	1. 能够进行加工前电、气、液、开关等的常规检查 2. 能够在加工完毕后，清理机床及周围环境	1. 加工中心操作规程 2. 日常保养的内容
	（二）基本操作	1. 能够按照操作规程起动及停止 2. 正确使用操作面板上的各种功能键 3. 能够通过操作面板手动输入加工程序及有关参数 4. 能够通过纸带阅读机、磁带机及计算机输入加工程序 5. 能够进行程序的编辑和修改 6. 能够设定工件坐标系 7. 能够正确调入调出所选刀具 8. 能够正确进行机内对刀 9. 能够进行程序单步运行、空运行 10. 能够进行加工程序试切削并做出正确判断 11. 能够正确使用交换工作台	1. 加工中心机床操作手 2. 操作面板的使用方法 3. 各种输入装置的使用方法 4. 机床坐标系与工件坐标系的含义及其关系 5. 相对坐标（系）、绝对坐标（系）的含义 6. 找正器（寻边器）的使用方法 7. 机内对刀方法 8. 程序试运行的操作方法
四、工件加工	（一）孔加工	能够对单孔进行钻、扩、铰切削加工	麻花钻、扩孔钻及铰刀的功用
	（二）平面铣削	能够铣削平面、垂直面、斜面、阶梯面等，尺寸公差等级达IT9，表面粗糙度值达 $Ra6.3\mu m$	1. 铣刀的种类及功用 2. 加工精度的影响因素 3. 常用金属材料的切削性能
	（三）平面内、外轮廓铣削	能够铣削二维直线、圆弧形轮廓的工件，尺寸公差等级达IT9，表面粗糙度值达 $Ra6.3\mu m$	
	（四）运行给定程序	能够检查及运行给定的三维加工程序	1. 三维坐标的概念 2. 程序检查方法
五、精度检验	（一）内、外径检验	1. 能够使用游标卡尺测量工件内、外径 2. 能够使用内径百（千）分表测量工件内径 3. 能够使用外径千分尺测量工件外径	1. 游标卡尺的使用方法 2. 内径百（千）分表的使用方法 3. 外径千分尺的使用方法
	（二）长度检验	1. 能够使用游标卡尺测量工件长度 2. 能够使用外径千分尺测量工件长度	

（续）

职业功能	工作内容	技能要求	相关知识
五、精度检验	（三）深（高）度检验	能够使用游标卡尺或深（高）度尺测量深（高）度	1. 深度尺的使用方法 2. 高度尺的使用方法
	（四）角度检验	能够使用角度尺检验工件角度	角度尺的使用方法
	（五）机内检测	能够利用机床的位置显示功能自检工件的尺寸	有关机床坐标的位置显示功能

参考文献

[1] 朱晓春. 数控技术 [M]. 北京：机械工业出版社，2001.

[2] 杨后川，梁炜. 机床数控技术及应用 [M]. 北京：北京大学出版社，2005.

[3] 王增杰. 数控铣床与加工中心操作技能训练 [M]. 南京：江苏教育出版社，2010.

[4] 吕静锋，卓良福. 数控铣削加工技术 [M]. 广州：广东经济出版社，2008.

[5] 杨旭. 华中数控铣/加工中心宏程序编程实例 [M]. 北京：机械工业出版社，2010.

[6] 武汉华中股份有限公司. HNC－21/22M 铣削编程说明书 [M]. 武汉：华中数控股份有限公司，2004.

[7] 卓良福，邱道权. 全国数控技能大赛经典加工案例集锦—数控铣/加工中心部分 [M]. 武汉：华中科技大学出版社，2010.

[8] 陈海舟. 数控铣削加工宏程序及应用实例 [M]. 北京：机械工业出版社，2007.

[9] 李博成. 机械基础与金工实训 [M]. 广州：广东经济出版社，2008.

[10] 数控加工技师手册编委会. 数控加工技师手册 [M]. 北京：机械工业出版社，2005.

[11] 徐自立，周小平，杨雄. 工程材料 [M]. 武汉：华中科技大学出版社. 2003.

检
12